LS 5/6 Kompakt

LAMBACHER SCHWEIZER

von
Hartmut Schermuly, Wuppertal

Ernst Klett Verlag
Stuttgart Düsseldorf Leipzig

An der Entstehung dieses Werkes waren beteiligt: Angelika Müller, Aachen; Hartmut Schermuly, Wuppertal; Dr. Günther Taetz, Wuppertal; Dr. Ingo Weidig, Landau; Dr. Peter Zimmermann, Speyer

Liebe Schülerin, lieber Schüler,

dieses Heft soll dir helfen, wichtige Dinge, die du im Mathematikunterricht der Klassen 5 und 6 gelernt hast, nachzuschlagen. So kannst du vergessene oder zu wiederholende Sachen schnell finden.
Den Stoff der Kapitel I bis IV hast du in der Klasse 5 gelernt, die Inhalte der Kapitel V bis VIII in der Klasse 6.
Im Lambacher-Schweizer Kompakt sind die wichtigsten Merksätze und Rechenregeln aufgeführt.
Zu jedem Thema findest du neue Beispiele. Die Beispiele sind vollständig bearbeitet.
Die in *kursiv* gegebenen Hinweise helfen dir, den Lehrstoff schneller aufzufrischen oder typische Fehler zu vermeiden.
Am Ende des Buches findest du ein ausführliches Register.

Wenn du zum Beispiel nicht mehr weißt, was ein Hektar ist, gehe so vor:

1. Suche im alphabetisch geordneten Register das Wort Hektar.
2. Hinter dem Wort Hektar steht eine Zahl. Dies ist die Seitenzahl auf der du dazu etwas findest.
3. Schlage diese Seite auf und lese nach. Sieh dir auch die Beispiele dazu an. Rechne nach.

Wir wünschen dir beim Arbeiten mit diesem Nachschlagewerk viel Spaß.

9 783127 307153

1. Auflage € A 1 13 12 | 2007 2006 2005

Alle Drucke dieser Auflage können im Unterricht nebeneinander benutzt werden, sie sind untereinander unverändert. Die letzte Zahl bezeichnet das Jahr dieses Druckes.

Internetadresse: http://www.klett-verlag.de

Zeichnungen: U. Bartl, Weil der Stadt; R. Hungreder, Leinfelden;
Bertron & Schwarz, W. Müller, Schwäbisch Gmünd.
Fotos: Jens Schacht, Düsseldorf: S. 15, 41
Umschlaggestaltung: Alfred Marzell, Schwäbisch Gmünd.
DTP-Satz: topset Computersatz, Nürtingen.
Repro: H&N Repro, Stuttgart.
Druck: Gutmann & Co., 74388 Talheim. Printed in Germany.

ISBN 3-12-730715-2

Inhaltsverzeichnis

I Darstellen von natürlichen Zahlen

1 Zahlenstrahl – Große Zahlen

Die Menge der natürlichen Zahlen bezeichnet man mit ℕ.

Die Zahlen **0, 1, 2, 3, . . .** nennt man die **natürlichen Zahlen**.

< *zeigt immer auf die kleinere Zahl.*

Für 3 < 6 und 6 < 10 schreibt man auch kurz: 3 < 6 < 10 und liest: 3 ist kleiner als 6 und 6 ist kleiner als 10 oder 6 liegt zwischen 3 und 10.

Die Reihenfolge der **natürlichen Zahlen 0, 1, 2, 3, . . .** kann man am **Zahlenstrahl** darstellen:

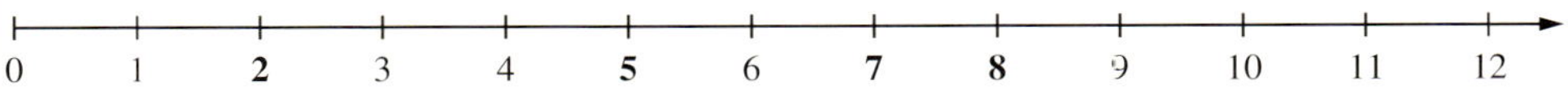

2 liegt links von 7;
2 ist kleiner als 7
Man schreibt: 2 < 7

8 liegt rechts von 5;
8 ist größer als 5
Man schreibt: 8 > 5

An einem Zahlenstrahl sind die Abstände zwischen aufeinander folgenden natürlichen Zahlen gleich groß. Will man große Zahlen an einem Zahlenstrahl darstellen, so muss man alle Abstände zwischen den Zahlen entsprechend verkleinern:

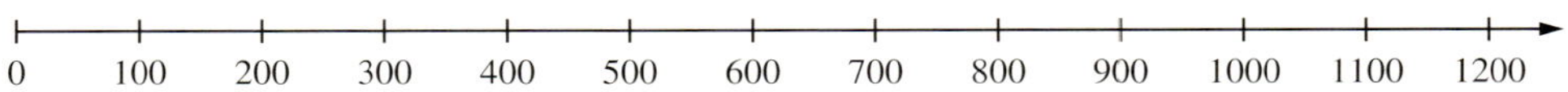

oder

Unsere Zahlen werden in einem Stellenwertsystem, dem **Zehnersystem (Dezimalsystem)**, geschrieben. Eine Übersicht dazu gibt die Stellentafel:

Billionen			Milliarden			Millionen			Tausend					
H	Z	E	H	Z	E	H	Z	E	H	Z	E	H	Z	E
1	2	4	5	8	0	0	7	0	5	0	0	0	0	0

Die Zahl in der Stellentafel wird gelesen: hundertvierundzwanzig Billionen fünfhundertachtzig Milliarden siebzig Millionen fünfhunderttausend.

Eine Milliarde hat 9 Nullen! Im Englischen bedeutet one billion nur eine Milliarde.

Zahlennamen im Zehnersystem:

1 Million	= 1000 Tausender	= 1 000 000
1 Milliarde	= 1000 Millionen	= 1 000 000 000
1 Billion	= 1000 Milliarden	= 1 Million Millionen = 1 000 000 000 000
1 Billiarde	= 1000 Billionen	= 1 000 000 000 000 000
1 Trillion	= 1000 Billiarden	= 1 000 000 000 000 000 000

Beispiel 1
Lies die Zahl 53440800320.
Zerlege zuerst die Zahl von hinten beginnend in Dreiergruppen. 53 440 800 320.
Lösung: dreiundfünfzig Milliarden vierhundertvierzig Millionen achhunderttausenddreihundertzwanzig.

Beispiel 2
Schreibe in Ziffern:
drei Billionen fünfhundert Millionen dreihundertzwanzigtausend.
Für fehlende Stellen musst du Nullen setzen.
Lösung: 3 000 500 320 000

2 Vergleichen – Runden – Überschlagen

Bei Zahlen im Zehnersystem kann man leicht erkennen, welche die größere Zahl ist:

> Bei **unterschiedlicher Stellenzahl** gilt:
> Die Zahl, die mehr Stellen als die andere hat, ist die größere.
> Bei **gleicher Stellenzahl** gilt:
> Die Zahl, die von links gelesen zuerst eine größere Ziffer hat, ist die größere.

Beispiel 1 (Ordnen)
Ordne nach der Größe. Beginne mit der kleinsten Zahl.
324; 5420; 4520; 45; 313; 3245; 524
Sortiere erst nach der Stellenzahl, dann nach der ersten unterschiedlichen Ziffer.
Lösung:
$45 < 313 < 324 < 524 < 3245 < 4520 < 5420$

Beispiel 2
Wie viele natürliche Zahlen liegen zwischen 173 564 und 173 631?
Zähle abschnittsweise.
173 565 bis 173 570 — 6 Zahlen
173 571 bis 173 630 — 60 Zahlen
Lösung:
Dazwischen liegen 66 Zahlen.

Häufig genügt statt einer genauen Zahlenangabe ein ungefährer Wert. Statt der genauen Zahl gibt man die nächstgelegene Zehnerzahl oder Hunderterzahl oder Tausenderzahl . . . an. Dies nennt man **Runden**.

> Beim Runden auf Zehner, Hunderter, Tausender, . . . betrachtet man die rechts von dieser Stelle stehende Ziffer:
> Ist diese Ziffer eine 0, 1, 2, 3 oder 4, so wird **ab**gerundet.
> Ist diese Ziffer eine 5, 6, 7, 8 oder 9, so wird **auf**gerundet.

Benötigt man bei einer Rechnung nur ein ungefähres Ergebnis, so rechnet man z. B. mit gerundeten Zahlen. Eine solche Rechnung nennt man **Überschlagsrechnung**.

$49\,999 \approx 0$; $50\,000 \approx 100\,000$ wenn man auf Hunderttausender rundet.

Beispiel 3 (Runden)
Runde auf Hunderter.
a) 53 687 b) 14 949 c) 29 951

a) 53 687
↗ ↖
Auf diese Stelle runden. — *Hier steht eine 8, also wird aufgerundet.*

Lösung: $53\,687 \approx 53\,700$

b) *An der Zehnerstelle steht eine 4, also wird abgerundet.*
Lösung: $14\,949 \approx 14\,900$

c) *An der Zehnerstelle steht eine 5, also wird aufgerundet. Aus 9 Hunderten wird ein Tausender.*
Lösung: $29\,951 \approx 30\,000$

Beispiel 4 (Überschlagsrechnungen)
Überschlage
a) 4365 + 876
b) $3586 \cdot 876$

a) *Runde auf gleiche Stellenzahlen.*
Lösung:
$4365 + 876$
$\approx 4300 + 900$
$= 5200$

b) *Runde so, dass jeweils nur die erste Ziffer von Null verschieden ist. Runde aber hier auf jeden Fall einmal auf und einmal ab.*
Lösung:
$3586 \cdot 876$
$\approx 3000 \cdot 900$
$= 2\,700\,000$

3 Zeichnerische Darstellung von Zahlen

Beispiel 1 (Bilddiagramm)
Stelle die Einwohnerzahlen in einem **Bilddiagramm** dar. Wähle 1 Männchen für je 100 000 Einwohner.

Augsburg	250 683 Einwohner
Mainz	187 839 Einwohner
Stuttgart	561 077 Einwohner
Essen	620 355 Einwohner

Runde zuerst auf 100 000 Einwohner. Zeichne dann ein Männchen für je 100 000 Einwohner.

Lösung:

Augsburg	300 000 Einwohner
Mainz	200 000 Einwohner
Stuttgart	600 000 Einwohner
Essen	600 000 Einwohner

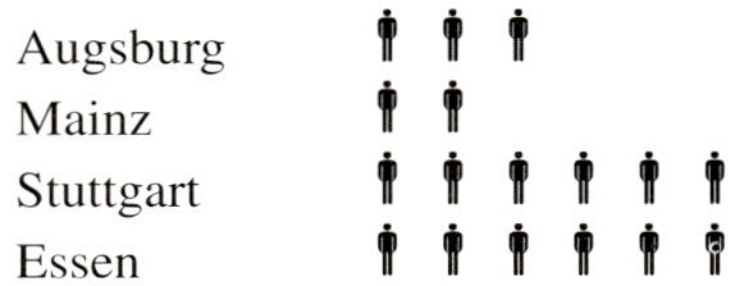

Beispiel 2 (Streckendiagramm)
Stelle die Länge der Flüsse in einem **Streckendiagramm** dar. Wähle 1 cm für je 1000 km.

Rhein	1320 km
Donau	2850 km
Wolga	3694 km
Murray	2570 km

Zeichne einen Zahlenstrahl mit den angegebenen Maßen. Zeichne dazu die passenden Strecken. Falls nötig, runde die Längen auf 100 km.

Lösung:

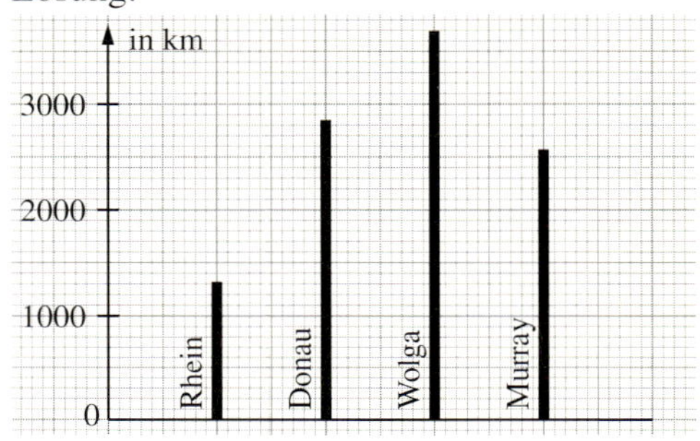

4 Römische Zahlzeichen

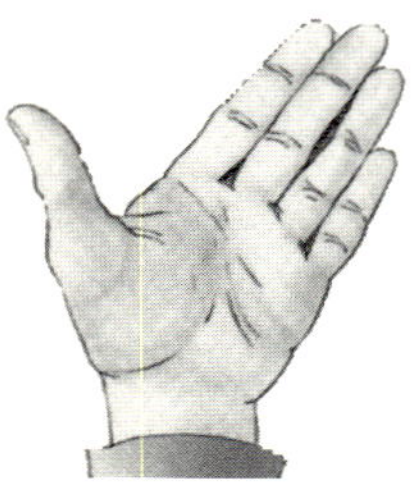

Die römische Zahlschreibweise bildet kein Stellenwertsystem.

Es bedeuten:

M =	1000,	wie (lat.) mille
D =	500,	die Hälfte von ↀ (= M)
C =	100,	wie (lat.) centum
L =	50,	die „Hälfte“ von C
X =	10,	das „Doppelte“ von V
V =	5,	als Symbol einer Hand (mit abgespreiztem Daumen)
I =	1,	als Symbol des Fingers

Regeln für die römische Zahlenschreibweise:
1. Steht ein Zahlzeichen **rechts** neben einem gleichen oder höheren, so wird sein Wert addiert.
2. Steht ein Zahlzeichen **links** neben einem höheren, so wird sein Wert subtrahiert.

Die Zahlzeichen M, C, X und I kommen in einer römischen Zahldarstellung höchstens dreimal nacheinander vor, die Zahlzeichen D, L und V höchstens einmal.
Die Regel 2 gilt nur für IV, IX, XL, XC, CD und CM.

Beispiel zu Regel 1:
MCCVI = M + C + C + V + I
= 1000 + 100 + 100 + 5 + 1
= 1206

Beispiel zu Regel 2:
CDIX = (D – C) + (X – 1)
= 500 – 100 + 10 – 1
= 409

II Rechnen mit natürlichen Zahlen

1 Rechenarten und Bezeichnungen

addere (lat.): hinzufügen
summa (lat.): die Gesamtzahl
subtrahere (lat.): entfernen
differentia (lat.): der Unterschied

Addieren am Zahlenstrahl

$2 + 4 = 6$
Geht man von der Zahl 2 aus 4 Einheiten vorwärts, dann kommt man zur Zahl 6.

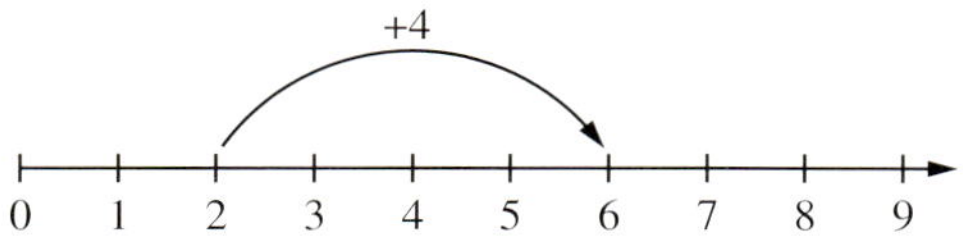

Subtrahieren am Zahlenstrahl

$5 - 3 = 2$
Geht man von der Zahl 5 aus 3 Einheiten rückwärts, dann kommt man zur Zahl 2.

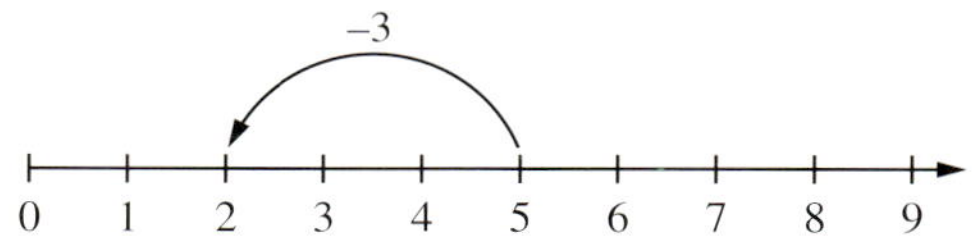

Man nennt $2 + 4$ eine **Summe**.
1. Summand ↗ ↖ **2. Summand**

$2 + 4 = 6$, lies: 2 plus 4 gleich 6

Man nennt $5 - 3$ eine **Differenz**.
Minuend ↗ ↖ **Subtrahend**

$5 - 3 = 2$, lies: 5 minus 3 gleich 2.

producere (lat.): verlängern
quotiens (lat.): wie oft?
multiplicare (lat.): vervielfältigen
divisor (lat.): Verteiler
dividere (lat.): (zer)teilen

Multiplizieren
$3 \cdot 4 = 12$

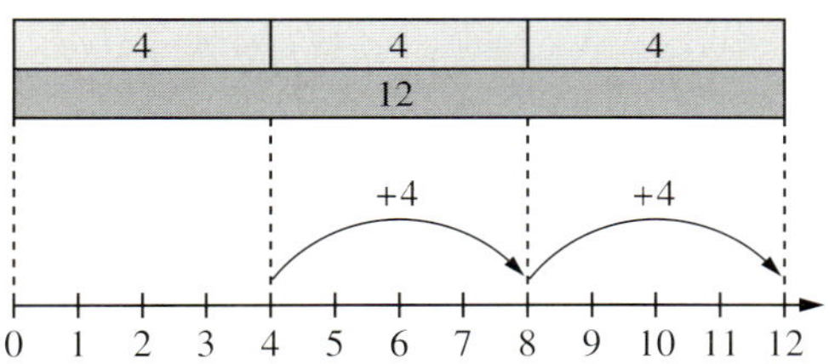

Dividieren
$12 : 4 = 3$

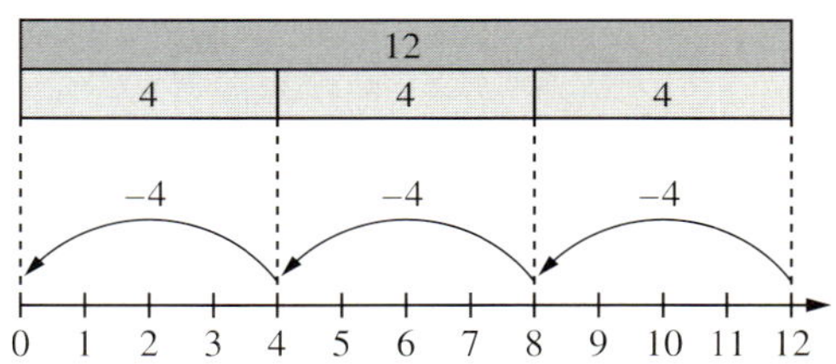

Eine Summe aus lauter gleichen Summanden kann man kürzer als Produkt schreiben:
$2 + 2 + 2 + 2 + 2 = 5 \cdot 2$

Man nennt $3 \cdot 4$ ein **Produkt**.
1. Faktor (Multiplikator) ↗ ↖ **2. Faktor (Multiplikand)**

$3 \cdot 4 = 12$, lies: 3 mal 4 gleich 12 (multipliziert mit)

Man nennt $12 : 4$ einen **Quotienten**.
Dividend ↗ ↖ **Divisor**

$12 : 4 = 3$, lies: 12 geteilt durch 4 gleich 3 (dividiert durch)

Beachte: Bei der Division kann es einen **Rest** geben. Bei der Division $29 : 8$ bleibt ein Rest von 5. Hierfür schreibt man $29 : 8 = 3 + 5 : 8$ oder $29 : 8 = 3$ Rest 5.

*Potenzen mit der Basis 2, 3, 4, ... nennt man **Zweierpotenzen, Dreierpotenzen, Viererpotenzen, ...** Besonders wichtig sind **Zehnerpotenzen**. Bei Zehnerpotenzen gibt der Exponent an, wie viele Nullen die Zahl hat. Es ist z. B. $10^4 = 10\,000$.*

Ein Produkt aus lauter **gleichen Faktoren** schreibt man kurz als **Potenz**:
$2 \cdot 2 \cdot 2 \cdot 2 \cdot 2 = 2^5$ (sprich 2 hoch fünf)
Basis (Grundzahl) ↗ ↖ **Exponent** (Hochzahl)
Der Exponent gibt an, wie oft die Basis als Faktor auftritt.

2 Terme, Rechenregeln und Rechengesetze

Einen Rechenausdruck wie $361 : 19 + 2^3 \cdot 7 \cdot (211 - (13 + 5))$ nennt man einen **Term**. Die Berechnung solcher Terme erfolgt nach vereinbarten **Rechenregeln**.

Ein Term lässt nicht nur erkennen, welche Rechenschritte auszuführen sind, auch die Reihenfolge der Rechenschritte ist festgelegt.

1. Was in Klammern steht, wird **zuerst** ausgerechnet. Innere Klammern rechnet man dabei zuerst aus.
2. Innerhalb von Klammern oder wenn Klammern fehlen, gilt: Potenzrechnung vor Punktrechnung; Punktrechnung vor Strichrechnung.

Beispiel 1
Berechne
a) $83 - (144 - 121)$ b) $(213 - (17 + 8 \cdot 11)) \cdot 2$ c) $8^2 + 4 \cdot 5^3$
Lösung:

a) $83 - (144 - 121)$ — *Was in Klammern steht, wird zuerst ausgerechnet.*
$= 83 - 23 = 60$

b) $(213 - (17 + 8 \cdot 11)) \cdot 2$
$= (213 - (17 + 88)) \cdot 2$ — *Die innere Klammer wird zuerst ausgerechnet.*
$= (213 - 105) \cdot 2$ — *Dabei gilt: Punktrechnung geht vor Strichrechnung.*
$= 108 \cdot 2$ — *Klammer zuerst ausrechnen.*
$= 216$

c) $8^2 + 4 \cdot 5^3$
$= 64 + 4 \cdot 125$ — *Potenzrechnung vor Punkt- und Strichrechnung.*
$= 64 + 500 = 564$ — *Punktrechnung vor Strichrechnung.*

Rechengesetze sind Eigenschaften der natürlichen Zahlen.

associare (spätlat.): verbinden

commutare (lat.): vertauschen

Assoziativgesetz der Addition:

Für alle natürlichen Zahlen a, b, c gilt:
$(a + b) + c = a + (b + c)$
z. B.: $(3 + 6) + 5 = 3 + (6 + 5)$

Kommutativgesetz der Addition:

Für alle natürlichen Zahlen a, b gilt:
$a + b = b + a$
z. B.: $7 + 4 = 4 + 7$

Manchmal können mehrere Zahlen leichter addiert werden, wenn man einige Summanden mit Klammern geschickt verbindet oder die Reihenfolge der Summanden günstig wählt.

Achtung: Das Assoziativgesetz gilt **nicht für die Subtraktion**!
$(8 - 5) - 2 = 1$; $8 - (5 - 2) = 5$

Achtung: Das Kommutativgesetz gilt **nicht für die Subtraktion**!
$5 - 3 = 2$; $3 - 5$ ergibt keine natürliche Zahl.

Beispiel 2
Fasse geschickt zusammen:
$24 + 38 + 62 + 723 + 77$
Lösung:
$24 + 38 + 62 + 723 + 77$
$= 24 + (38 + 62) + (723 + 77)$
$= 24 + 100 + 800$
$= 24 + (100 + 800)$
$= 24 + 900$
$= 924$

Beispiel 3
Stelle um und fasse zusammen:
$46 + 29 + 54 + 63 + 171$
Lösung:
$46 + 29 + 54 + 63 + 171$
$= 46 + 54 + 29 + 171 + 63$
$= (46 + 54) + (29 + 171) + 63$
$= 100 + 200 + 63$
$= 300 + 63$
$= 363$

Überlege: Welche Summanden ergeben addiert 10, 20, 30, 40, ... 100, 200, 300, ... 1000, 2000, 3000, ... usw.?

Für Potenzen gilt kein Kommutativgesetz. Es ist $2^3 = 8$, aber $3^2 = 9$.

Assoziativgesetz der Multiplikation:

Für alle natürlichen Zahlen a, b, c gilt:
$a \cdot (b \cdot c) = (a \cdot b) \cdot c$
z. B.: $3 \cdot (4 \cdot 5) = (3 \cdot 4) \cdot 5$

Kommutativgesetz der Multiplikation:

Für alle natürlichen Zahlen a, b gilt:
$a \cdot b = b \cdot a$
z. B.: $3 \cdot 4 = 4 \cdot 3$

Achtung: Das Assoziativgesetz gilt **nicht für die Division**!
$(18:6):3 = 3:3 = 1$; $18:(6:3) = 18:2 = 9$

Achtung: Das Kommutativgesetz gilt **nicht für die Division**!
$4:2 = 2$; $2:4$ ergibt keine natürliche Zahl.

Distributivgesetze der Multiplikation:

Für alle natürlichen Zahlen a, b, c gilt:
$a \cdot (b + c) = a \cdot b + a \cdot c$
z. B.: $5 \cdot (4 + 3) = 5 \cdot 4 + 5 \cdot 3$

Für alle natürlichen Zahlen a, b, c gilt:
$a \cdot (b - c) = a \cdot b - a \cdot c$
z. B.: $5 \cdot (4 - 3) = 5 \cdot 4 - 5 \cdot 3$

Denke dran! Rechengesetze bieten Rechenvorteile

Beispiel 4
Stelle um und fasse zusammen: $4 \cdot 35 \cdot 2 \cdot 25$
Lösung:
$4 \cdot 35 \cdot 2 \cdot 25$
$= 4 \cdot 25 \cdot 35 \cdot 2$
$= (4 \cdot 25) \cdot (35 \cdot 2)$
$= 100 \cdot 70$
$= 7000$

Beispiel 5
Nutze ein Distributivgesetz aus: $58 \cdot 6$
Lösung:
$58 \cdot 6$
$= (60 - 2) \cdot 6$
$= 60 \cdot 6 - 2 \cdot 6$
$= 360 - 12$
$= 348$

Beispiel 6
Nutze ein Distributivgesetz aus: $32 \cdot 4$
Lösung:
$32 \cdot 4$
$= (30 + 2) \cdot 4$
$= 30 \cdot 4 + 2 \cdot 4$
$= 120 + 8$
$= 128$

Beispiel 7
Berechne: a) $6 \cdot 12 + 6 \cdot 8$ b) $7 \cdot 23 - 7 \cdot 13$
Lösung:
a) $6 \cdot 12 + 6 \cdot 8$
$= 6 \cdot (12 + 8)$
$= 6 \cdot 20 = 120$
b) $7 \cdot 23 - 7 \cdot 13$
$= 7 \cdot (23 - 13)$
$= 7 \cdot 10$
$= 70$

Für das Rechnen mit 0 und 1 gelten besonders einfache Rechengesetze.

Multipliziert man eine Zahl mit 0, so erhält man als Ergebnis stets 0.
Multipliziert man eine Zahl mit 1, so erhält man als Ergebnis stets die Zahl selbst.

Für alle natürlichen Zahlen a gilt:
$0 \cdot a = 0$ z. B. $0 \cdot 23 = 0$ $23 \cdot 0 = 0$
$1 \cdot a = a$ z. B. $1 \cdot 23 = 23$ $23 \cdot 1 = 23$

Durch 0 kann man nicht dividieren!

3 Schriftliches Addieren und Subtrahieren

Beim schriftlichen Addieren werden die Zahlen so untereinander geschrieben, dass Einer unter Einer, Zehner unter Zehner, Hunderter unter Hunderter usw. stehen.
Zuerst werden die Einer addiert, dann die Zehner, dann die Hunderter usw.
Dabei können Überträge entstehen.

Schriftliches Addieren:

	3	9	1	8
+		8	9	1
	1	1		
	4	8	0	9

	Sprich:
Einer:	1 plus 8 gleich **9**
Zehner:	9 plus 1 gleich **10** ⟶ Übertrag 1
Hunderter:	1 plus 8 plus 9 gleich **18** ⟶ Übertrag 1
Tausender:	1 plus 3 gleich **4**

Nutze die Kästchen aus!

	1	2	7
+	4	6	6
		1	
	5	9	3

Beispiel 1

```
   4321806
 +   18200
 +  982643
     1111
 ---------
   5322649
```

Beachte die vier Überträge

Beispiel 2

```
   5385147
 + 8123706
    1 1   1
 ---------
  13508853
```

Beachte besonders den Übertrag links

Beispiel 3

```
        785
 +    54782
 +  3218976
 + 50000000
 +       87
 +  4594321
 +      601
 +      654
 +    34589
     22443
 ----------
   57904795
```

Überträge können größer als 1 sein!

Beim schriftlichen Subtrahieren werden die Zahlen genauso untereinander geschrieben wie beim schriftlichen Addieren. Zuerst werden die Einer ergänzt, dann die Zehner, dann die Hunderter usw. Auch hier können Überträge entstehen.

Schriftliches Subtrahieren:

	7	4	5	3
–	4	9	1	6
	1		1	
	2	5	3	7

	Sprich:
Einer:	6 plus **7** gleich 13 ⟶ Übertrag 1
Zehner:	1 plus 1 plus **3** gleich 5
Hunderter:	9 plus **5** gleich 14 ⟶ Übertrag 1
Tausender:	1 plus 4 plus **2** gleich 7

Auch beim schriftlichen Subtrahieren können Überträge entstehen, die größer als 1 sind. (vgl. Beispiel 6)

Beispiel 4

```
   5467
 –  834
   1
 ------
   4633
```

Beachte den Übertrag!

Beispiel 5

```
   65007
 –  4962
     11
 -------
   60045
```

Achte auf die Stellen mit 0.

Beispiel 6

```
   979
 –  83
 – 255
 –  60
   2
 -----
   581
```

Rechne so:
Einer: 0 + 5 + 3 = 8; 8 + 1 = 9
Zehner: 6 + 5 + 8 = 19
19 + 8 = 27 Übertrag 2
Hunderter: 2 + 2 = 4; 4 + 5 = 9

4 Schriftliches Multiplizieren und Dividieren

So berechnet man z. B.

84 · 6
504

6 · 4 = 24
→ Übertrag 2
6 · 8 + 2 = 50

Schriftliches Multiplizieren

423 · 381		
126900	←	*423 · 300*
+ 33840	←	*423 · 80*
+ 423	←	*423 · 1*
₁ ₂		
161163		

Kurzform

423 · 381
1269
+ 3384
+ 423
₁ ₂
161163

Beispiel 1
Berechne 179 · 314 und kontrolliere die Stellenzahl durch einen Überschlag.

Achte beim schriftlichen Multiplizieren besonders darauf, dass die Teilprodukte stellengerecht untereinander stehen.

Eine Zeile, die nur aus Nullen besteht, kann wegfallen. Die folgenden Zeilen rücken unverändert höher (vgl. Beispiel 2).

Lösung:

179 · 314
537
+ 179
+ 716
₂ ₁
56206

Überschlag:
200 · 300 ≈ 60000

Beispiel 2
Berechne 127 · 206.

Lösung:

127 · 206
254
+ 000
+ 762
₁
26162

kürzer:

127 · 206
254
+ 762
₁
26162

Beim schriftlichen Dividieren überlegt man, wie oft der Divisor in der jeweiligen Zahl enthalten ist.
In 32 ist 24 einmal; (Rest 8)
in 84 ist 24 dreimal; (Rest 12)
in 120 ist 24 fünfmal (Rest 0)
enthalten.

Schriftliche Division (mit Rest)

3247 : 24 = 100 + 30 + 5 + 7 : 24
– 2400
847
– 720
127
– 120
7 (Rest)

Kurzform

3247 : 24 = 135 Rest 7
(oder 135 + 7 : 24)
– 24
84
– 72
127
– 120
7

Beispiel 3
Berechne 49102 : 12 und mache die Probe.
Auch die Null in 49102 musst du berücksichtigen.
Beachte, wie im zweiten Schritt im Ergebnis eine Null entsteht.

Beachte:
Bei Divisionen sind alle Reste kleiner als der jeweilige Divisor.

49102 : 12 = 4091 Rest 10
(oder 4091 + 10 : 12)
48
11
0
110
108
22
12
10

Probe:
Vergiss den Rest bei der Probe nicht!
4091 · 12
4091
8182
49092
49092 + 10 = 49102

Zur Kontrolle kann man auch eine Überschlagsrechnung machen:
Überschlagsrechnung zu Beispiel 3:
4091 · 12
≈ 4000 · 12 = 48000

1 Körper – Geraden und Strecken

Geometrische Grundkörper

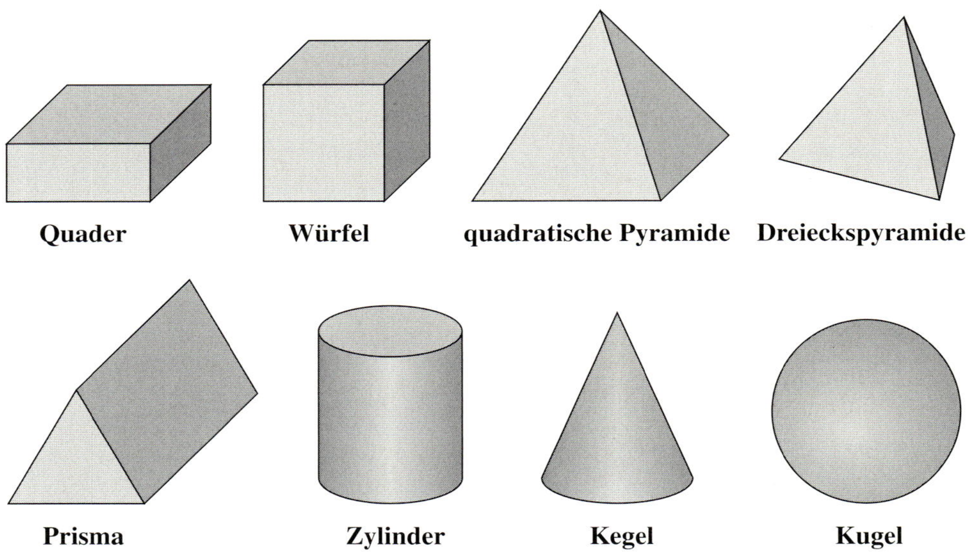

Will man Punkte benennen, so benutzt man dafür große Buchstaben (wie P, Q, R, ...), für Strecken, Halbgeraden und Geraden kleine Buchstaben (wie g, h, k, ...).

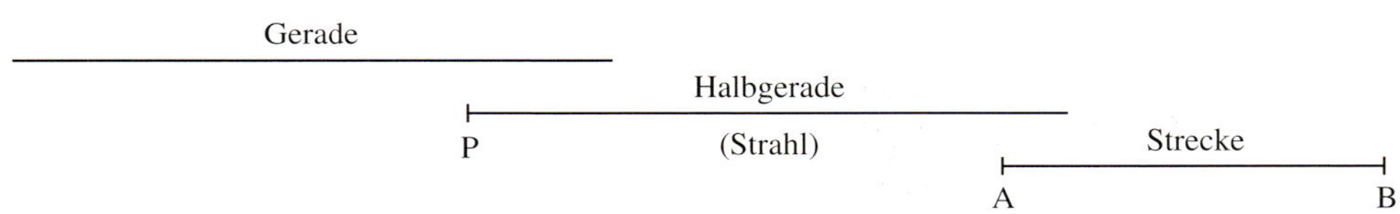

Eine **Gerade** hat keinen Anfangspunkt und keinen Endpunkt.
Eine **Halbgerade** (Strahl) hat einen Anfangspunkt, aber keinen Endpunkt.
Eine **Strecke** ist von zwei Punkten begrenzt.

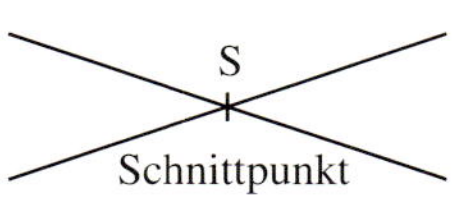

Zwei verschiedene Geraden können höchstens einen gemeinsamen Punkt haben. Man nennt ihn **Schnittpunkt**.

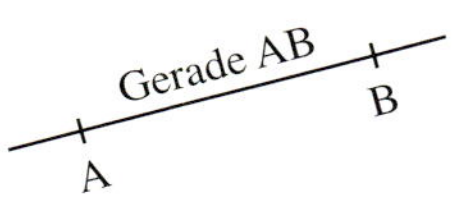

Zwei Punkte P und Q können durch genau eine Strecke verbunden werden. Man bezeichnet sie auch mit $\overline{PQ}$.
Durch zwei Punkte A und B kann man genau eine Gerade zeichnen. Man bezeichnet sie auch mit AB.

In einem Viereck nennt man die Verbindungslinien benachbarter Ecken **Seiten**, die Verbindungsstrecken nicht benachbarter Ecken **Diagonalen**.
In einem Viereck mit den Ecken P, Q, R, S sind PQ, QR, RS und SP Seiten und PR, QS Diagonalen.

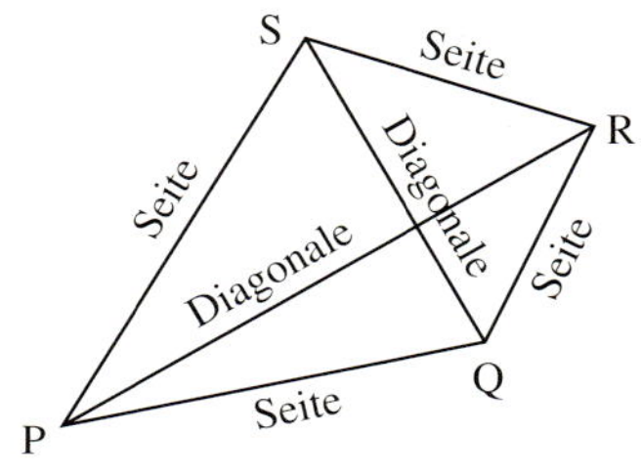

2 Zueinander senkrechte und parallele Geraden

Liegen zwei Geraden g und h wie im Bild zueinander, so sagt man:

g ist senkrecht zu h

oder: g ist orthogonal zu h.

Man schreibt dafür: g ⊥ h.
In der Zeichnung wird es durch das Zeichen ∟ hervorgehoben.

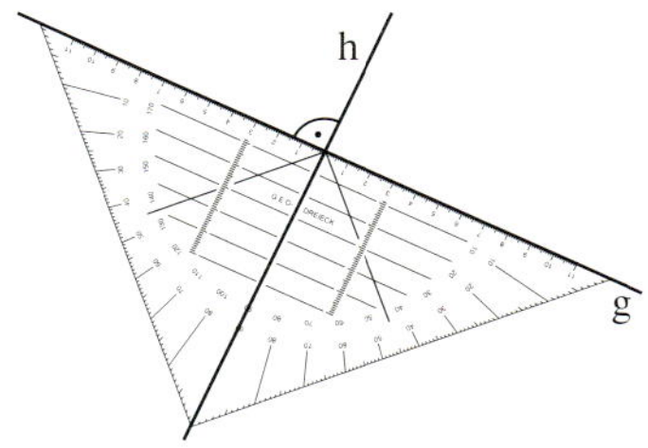

So zeichnet man zu einer Geraden g eine dazu senkrechte Gerade h.

a) h soll durch einen Punkt P gehen, der auf g liegt.

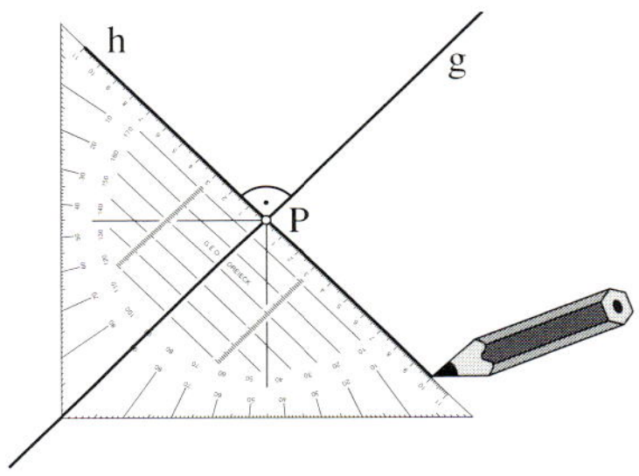

b) h soll durch einen Punkt P gehen, der nicht auf g liegt.

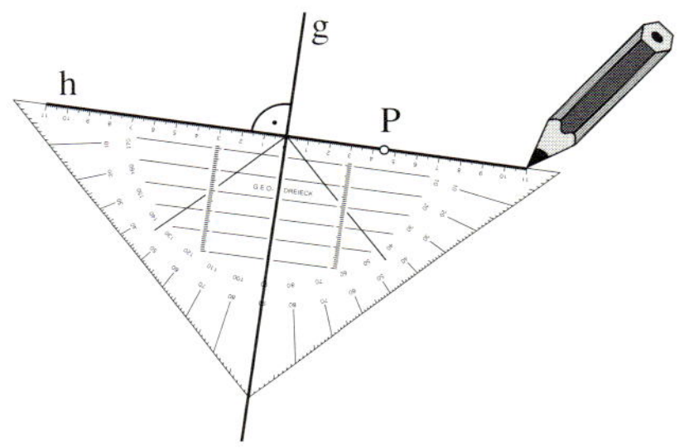

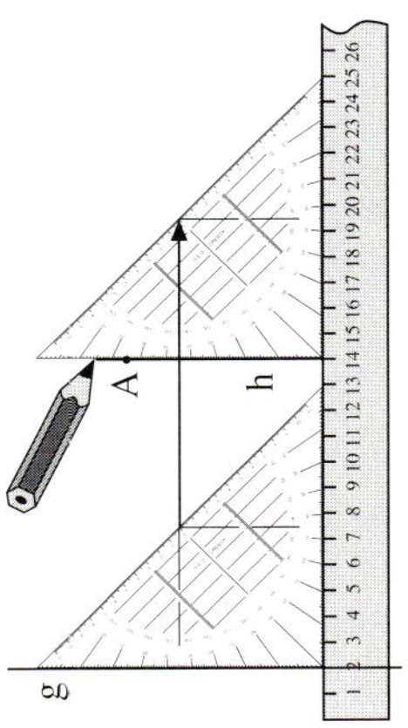

Man kann auch eine zu einer Geraden g parallele Gerade h zeichnen, indem man das Geodreieck längs eines Lineals (oder eines zweiten Dreiecks) verschiebt.

Sind zwei Geraden g und h senkrecht zu einer dritten Geraden k, so sagt man:
g und h sind zueinander parallel.
Man schreibt dafür: g ∥ h.
Zueinander parallele Geraden heißen auch **Parallelen**.
Sie haben keinen Schnittpunkt.

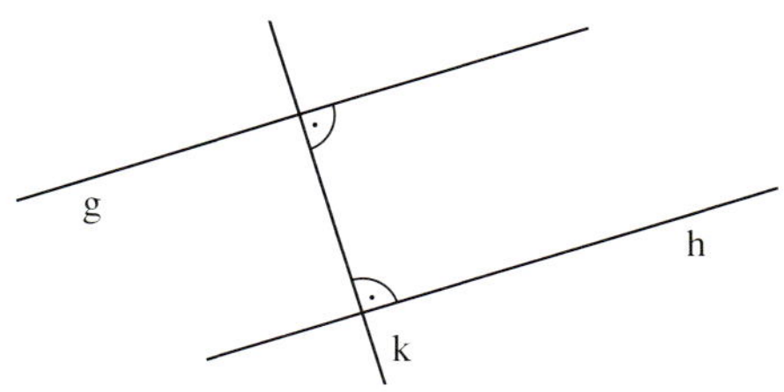

So zeichnet man zueinander parallele Geraden g und h.

1. Möglichkeit: Zeichne zu g eine Gerade mit g ⊥ k, dann zu k eine Gerade h mit k ⊥ h.

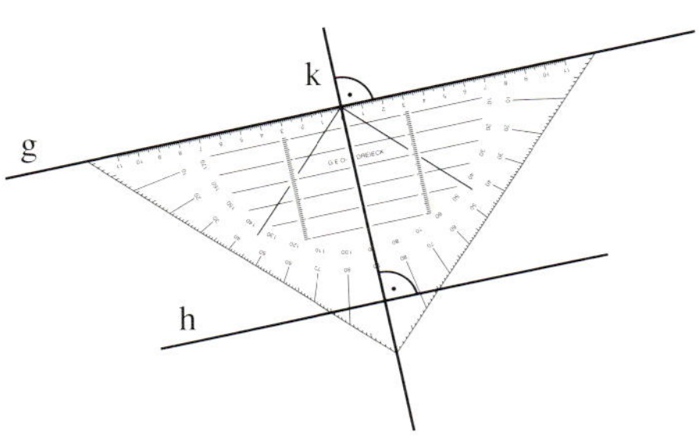

2. Möglichkeit: Benutze die Parallelen auf dem Geodreieck.

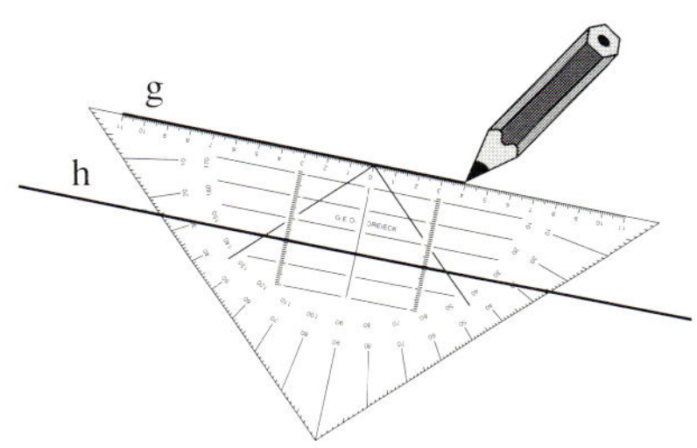

3 Abstände

Abstand zweier Punkte P und Q: die Länge der Strecke $\overline{PQ}$ (1).
Abstand eines Punktes P von einer Geraden g:
die Länge der zu g senkrechten Verbindungsstrecke von P bis g (2).
Abstand zweier Parallelen g und h:
die Länge der zu g und h senkrechten Verbindungsstrecken (3).

(1)

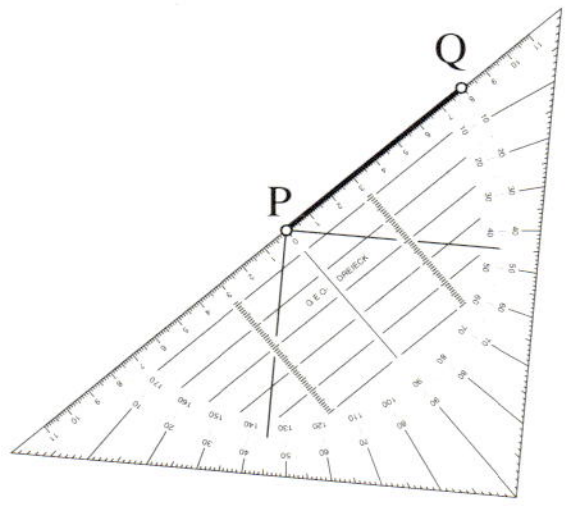

(2)

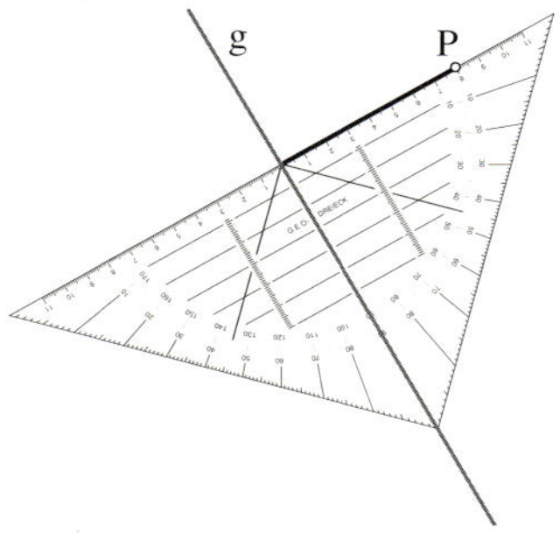

(3)

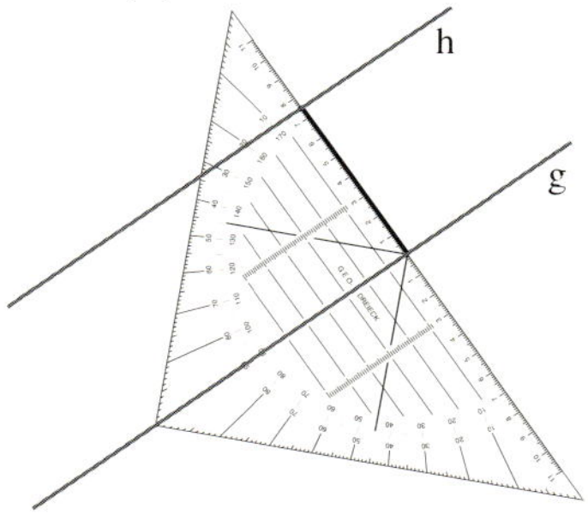

Beispiel 1
Der Abstand vom Punkt A zur Geraden f beträgt 3 cm. *Miss nach!*

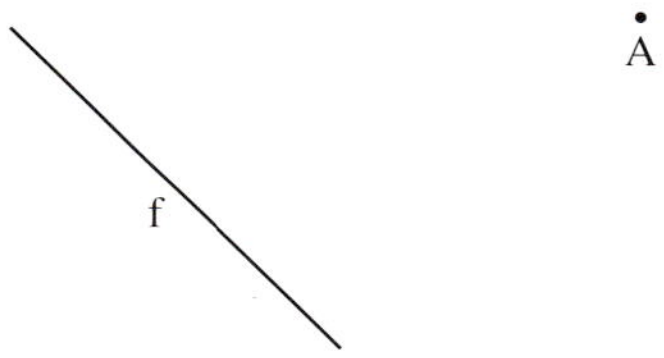

Beispiel 2
Der Abstand der Parallelen a und b beträgt 1 cm. *Miss nach!*

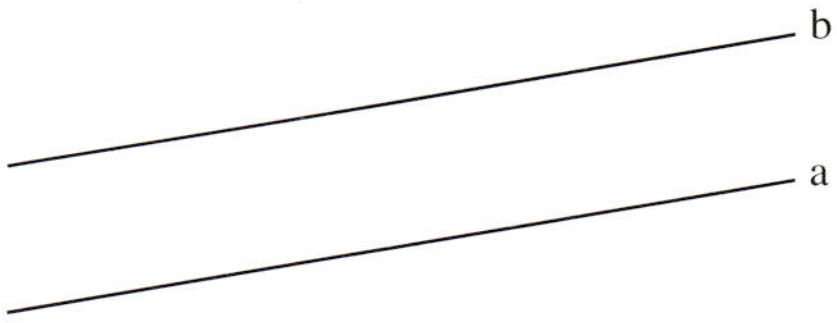

Beispiel 3
Der Abstand der Seite BC von der Seite DA ist 3 cm.
Miss nach. Benutze die in der Figur eingezeichnete Verlängerung der Seite AD.
Der Abstand des Punktes C zur Seite AB ist 15 mm.
Miss nach. Benutze die in der Figur eingezeichnete Verlängerung der Seite AB.

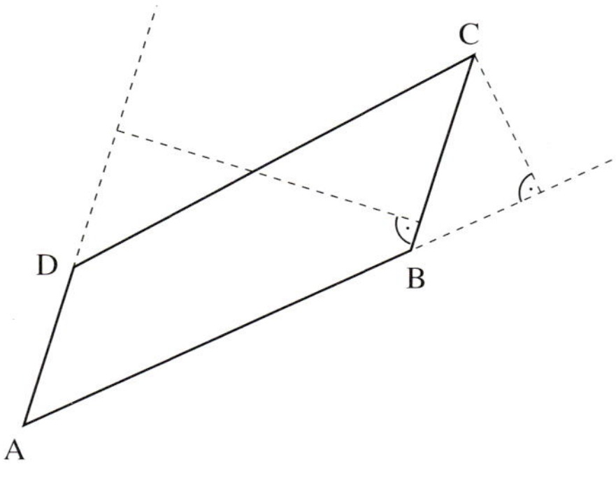

Wenn der Schreiner eine Tür einbaut, dann müssen die Kanten des Rahmens zueinander senkrecht sein, damit es „recht“ ist. Für die Tür gilt das ebenso.

4 Vierecke

Ein Viereck, bei dem benachbarte Seiten zueinander senkrecht sind, heißt **Rechteck**.

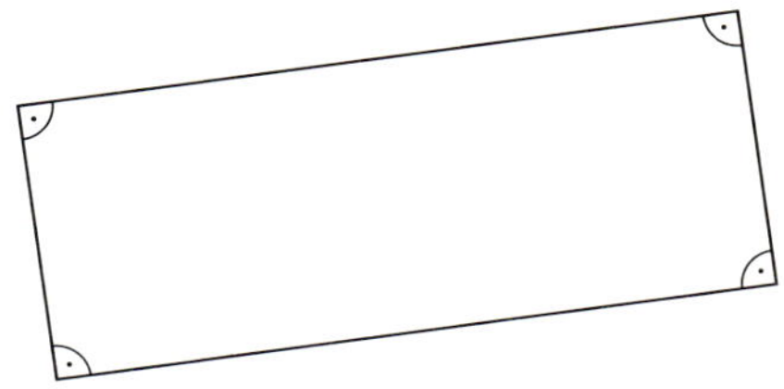

Beim Rechteck gilt:
Gegenüberliegende Seiten sind gleich lang und zueinander parallel.

Sind in einem Rechteck **alle** Seiten gleich lang, so heißt es **Quadrat**.

Beispiel 1

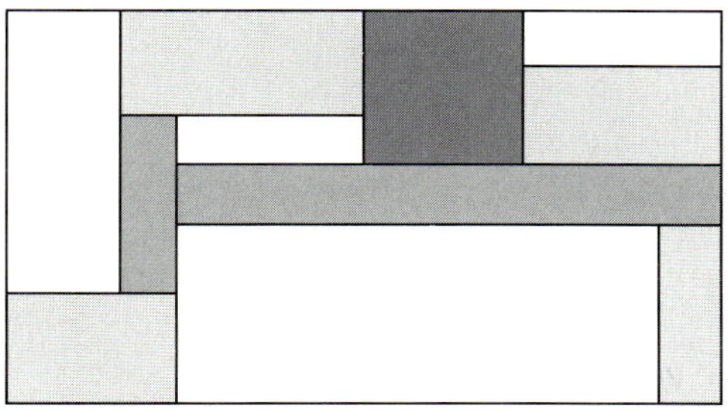

Hier sind alle Vierecke Rechtecke.
Das dunkelgraue Rechteck hat vier gleich lange Seiten; es ist also ein Quadrat.

Beispiel 2
Die Flächen eines Quaders sind Rechtecke; die Flächen eines Würfels sind Quadrate.

Beispiel 3
Zeichne ein Rechteck mit den Seitenlängen 4 cm und 2 cm.
Zeichne erst eine Seite, dann die zweite senkrecht dazu.
Achte dabei auf die Längen.
Ergänze dann zu einem Rechteck.
Lösung:

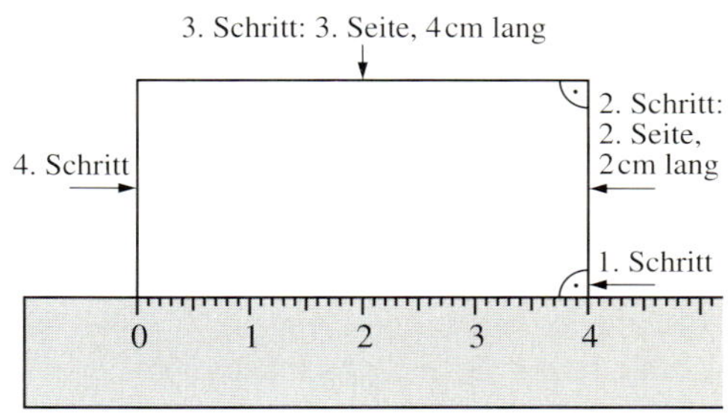

Sind in einem Viereck die gegenüberliegenden Seiten zueinander parallel, so heißt es **Parallelogramm**.
Im Parallelogramm sind gegenüberliegende Seiten gleich lang.

Ein Parallelogramm mit zueinander senkrechten Seiten ist ein Rechteck.

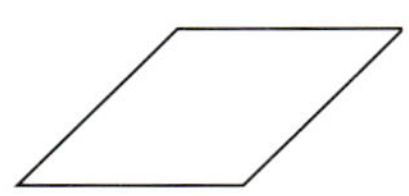

Ein Parallelogramm mit vier gleich langen Seiten heißt **Raute**.

Ein Parallelogramm mit gleich langen und zueinander senkrechten Seiten ist ein Quadrat.

5 Figuren im Achsenkreuz

Jeder Punkt in einem Achsenkreuz lässt sich durch ein Zahlenpaar beschreiben. Die Zahlen heißen **Koordinaten** des Punktes:

„4 nach rechts, 2 nach oben"

Zum Punkt P gehört das
Zahlenpaar (4|2)
↗ ↖
1. Koordinate 2. Koordinate
Wir schreiben dafür kurz **P(4|2)**.

„2 nach rechts, 3 nach oben"

Entsprechend gilt **Q(2|3)**.

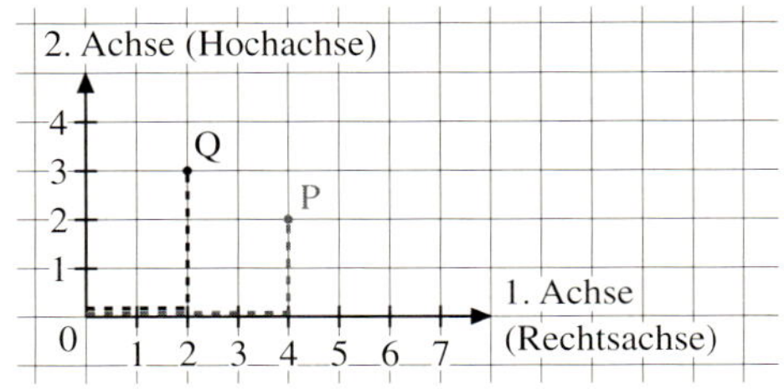

Im Achsenkreuz gehört zu jedem Punkt genau ein Zahlenpaar. Dabei kommt es auch auf die Reihenfolge der Koordinaten an.

Beispiel
Zeichne in ein Achsenkreuz die Punkte
A(1|3); B(3|1) und C(6|4).
Ergänze zu einem Rechteck mit den Ecken
A, B, C und D.
Lies die Koordinaten von D ab.
Beachte die Reihenfolge der Koordinaten von A und B!

Lösung:

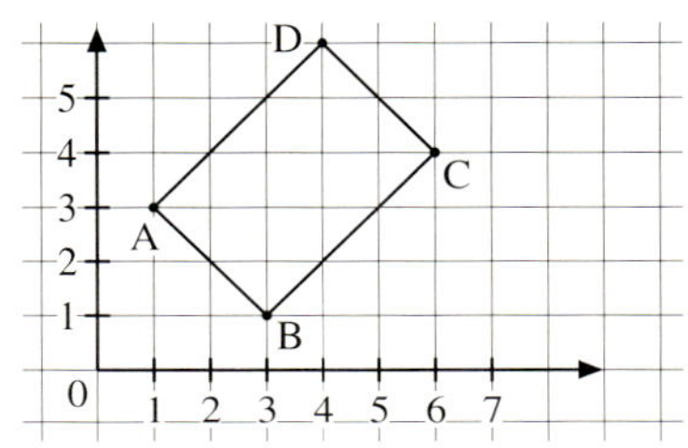

D(4|6)

6 Abwicklungen

Wird die Oberfläche eines geometrischen Körpers aufgeschnitten und in einer Ebene ausgebreitet, so erhält man eine Abwicklung des Körpers:

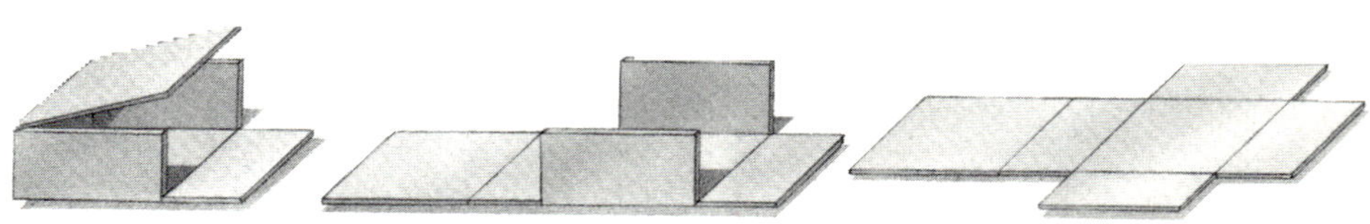

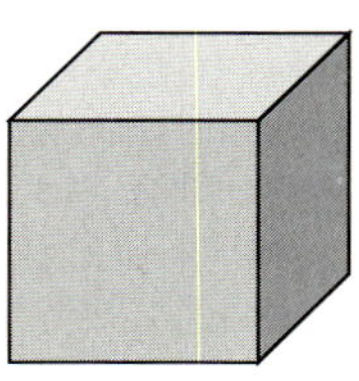

Würfel

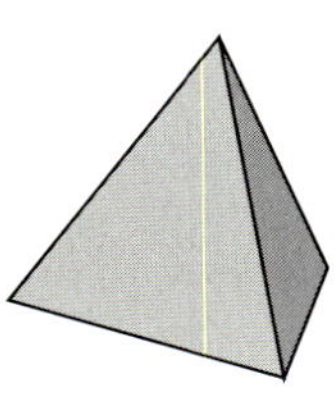

Tetraeder

Von manchen Körpern kann man verschiedene Abwicklungen erzeugen:

Würfel

(1)

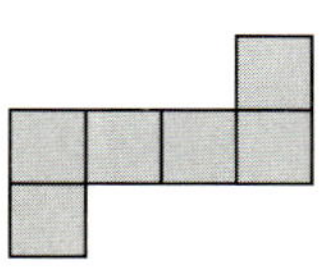

(2)

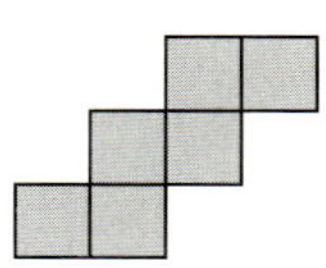

(3)

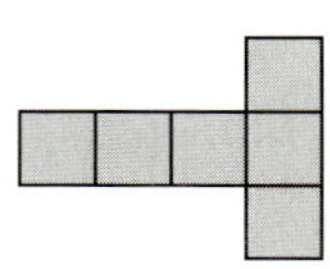

Tetraeder

(1)

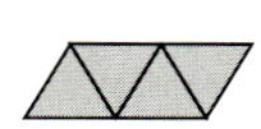

(2)

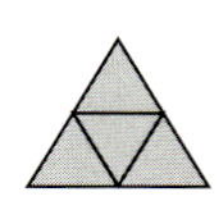

Auch Zylinder und Kegel kann man abwickeln.

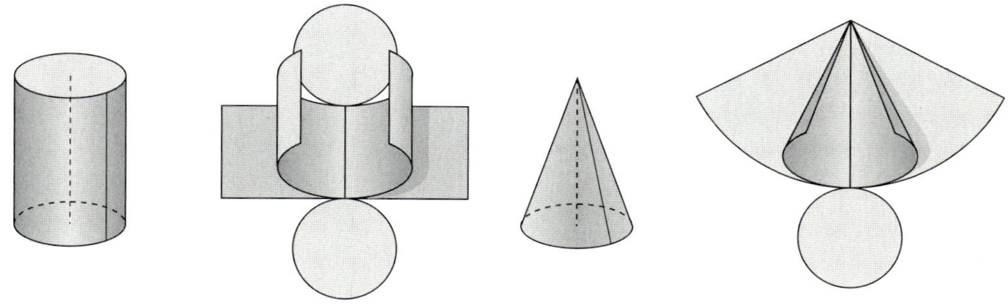

7 Schrägbilder

So zeichnen wir das **Schrägbild eines Quaders**:

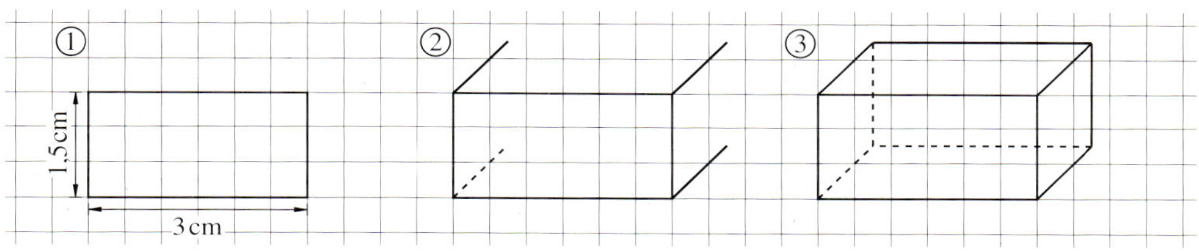

1. Schritt: Zeichne die Vorderfläche.
2. Schritt: Zeichne die nach hinten verlaufenden Kanten in Richtung der Diagonalen des Karogitters, jedoch nur halb so lang. Dabei werden sichtbare Kanten durchgezogen, nicht sichtbare gestrichelt.
3. Schritt: Verbinde die Endpunkte der nach hinten verlaufenden Kanten.

Kanten, die in Wirklichkeit zueinander parallel sind, sind auch im Schrägbild zueinander parallel.

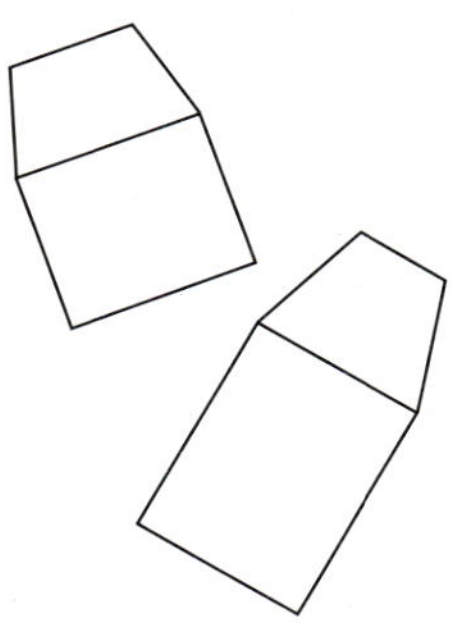

Das sind keine Schrägbilder!

Beispiel 1
Schrägbild eines Würfels

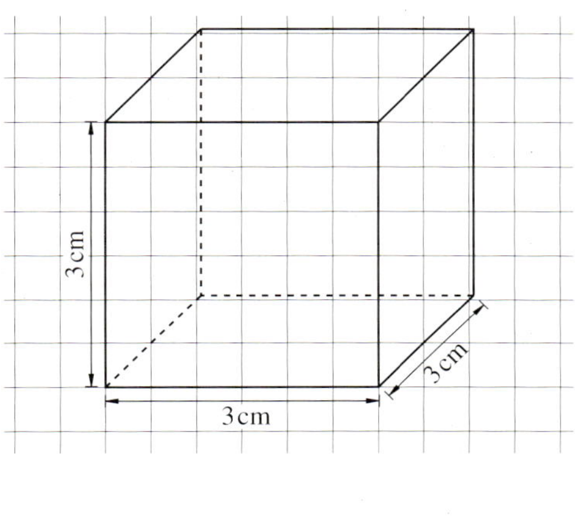

Beispiel 2
Schrägbild eines L-förmigen Bausteins

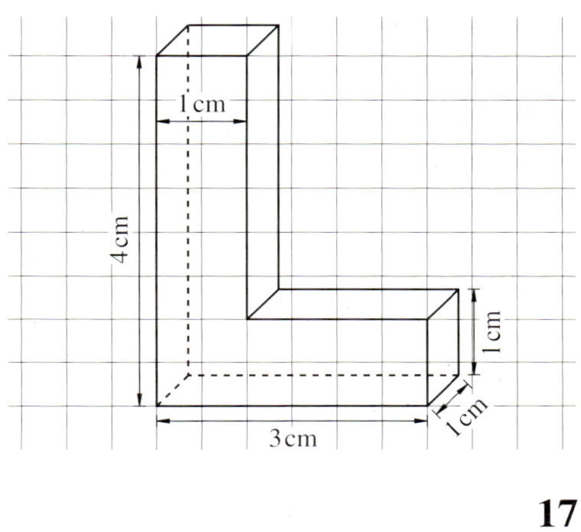

1 Längen und Gewichte

Beim **Messen** bestimmt man, wie oft eine **Einheits**größe in der zu messenden Größe enthalten ist.

Um 1880 wurde die Maßeinheit Meter (m) als Abstand zwischen zwei Markierungen auf dem „Urmeterstab" festgelegt.

Die **Länge** des Streifens beträgt:

$5 \cdot 1\,\text{cm} = 5\,\text{cm}$

↗ Maßzahl ↖ Maßeinheit

Die Maßzahl gibt an, wie viele Strecken von 1 cm Länge zusammen dieselbe Länge wie der Streifen haben.

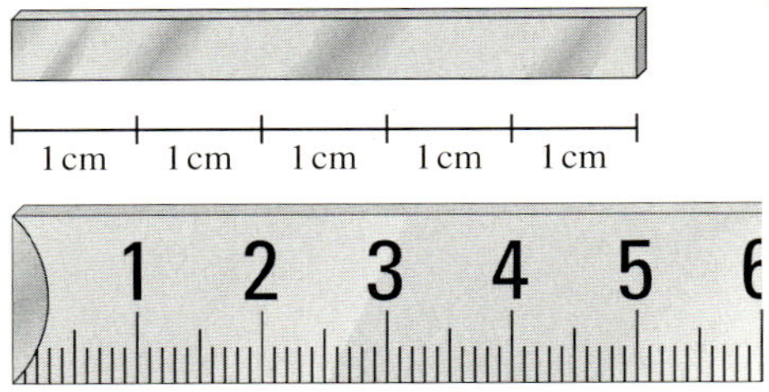

*Andere Maßeinheiten der Längenmessung sind: **Zentimeter** (cm), **Dezimeter** (dm) und **Millimeter** (mm). Eine größere Einheit ist **Kilometer** (km).*

Die Grundeinheit der Längenmessung ist **Meter** (m).

	·1000 ←		·10 ←		·10 ←		·10 ←	
1 km		1 m		1 dm		1 cm		1 mm
	→ :1000		→ :10		→ :10		→ :10	

1 km = 1000 m	1 m = 10 dm	1 dm = 10 cm	1 cm = 10 mm
	1 m = 100 cm	1 dm = 100 mm	
	1 m = 1000 mm		

Gewichte
*Um 1880 wurde auch die Maßeinheit **Kilogramm** (kg) durch das Gewicht des „Urkilogramms" festgelegt. Für größere Gewichte verwendet man **Tonne** (t), für kleinere **Gramm** (g) oder **Milligramm** (mg).*

Die Grundeinheit des Gewichts ist das **Kilogramm** (kg).

	·1000 ←		·1000 ←		·1000 ←	
1 t		1 kg		1 g		1 mg
	→ :1000		→ :1000		→ :1000	

1 t = 1000 kg = 1 000 000 g = 1 000 000 000 mg
1 kg = 1000 g = 1 000 000 mg
1 g = 1000 mg

Im Alltag verwendet man gelegentlich noch die Einheiten Pfund (Pfd) und Zentner (Ztr):
1 Pfd = 500 g
1 Ztr = 100 Pfd = 50 kg

Beispiel 1
Schreibe in der kleineren Maßeinheit.
a) 4 m 35 cm
b) 3 t 2 kg
c) 3 m 35 cm 7 mm
Verwandle zuerst in die kleinste vorkommende Einheit. Addiere dann.
Lösung:
a) 4 m 35 cm = 400 cm + 35 cm = 435 cm
b) 3 t 2 kg = 3000 kg + 2 kg = 3002 kg
c) 3 m 35 cm 7 mm
= 3000 mm + 350 mm + 7 mm
= 3357 mm

Beispiel 2
Berechne und gib das Ergebnis mit möglichst großen Maßeinheiten an.
a) 4 m 15 cm – 3 m 90 cm
b) 154 · 25 kg
Lösung:
a) *Verwandle zuerst in die kleinste vorkommende Einheit und rechne dann.*
4 m 15 cm – 3 m 90 cm
= 415 cm – 390 cm = 25 cm
b) 154 · 25 kg
= 3850 kg
= 3 t 850 kg

2 Zeitpunkte und Zeitspannen

1 s wurde ursprünglich festgelegt als der 86 400. Teil eines mittleren Sonnentages.

$\frac{1}{2}$ h = 30 min
$\frac{1}{4}$ h = 15 min
$\frac{3}{4}$ h = 45 min

Die Grundeinheit der Zeitmessung ist die Sekunde (1 s). Weitere Einheiten sind Minuten (1 min), Stunden (1 h) oder Tage (1 d).

	← ·24		← ·60		← ·60	
1 d		1 h		1 min		1 s
	:24 →		:60 →		:60 →	

1 d = 24 h = 1440 min = 86 400 s
1 h = 60 min = 3600 s
1 min = 60 s

Wer zu spät kommt, hat einen Zeitpunkt verpasst. Vielleicht hat er für das Frühstück eine zu große Zeitspanne benötigt.

Man muss zwischen Zeitspannen und Zeitpunkten unterscheiden.
Eine **Zeitspanne** gibt an, wie lange etwas dauert (z. B. eine Schulstunde dauert 45 min).
Ein **Zeitpunkt** gibt an, wann etwas beginnt oder endet (z. B. Beginn um 20 Uhr).

Beispiel 1
Gib in Minuten an:
a) 2 h 35 min   b) $7\frac{3}{4}$ h
Lösung:
a) 2 h 35 min = 120 min + 35 min
= 155 min
b) $7\frac{3}{4}$ h = 7 · 60 min + 45 min
= 420 min + 45 min = 465 min

Beispiel 2
Gib in h und min an: 354 min.
Überlege, wie oft 60 min in 354 min enthalten ist.
Lösung:
354 min = 5 · 60 min + 54 min = 5 h 54 min

Beispiel 3
Berechne
a) 22 min 25 s + 44 min 51 s
b) 12 · (15 h 43 min)
Rechne einheitenweise. Verwandle anschließend in möglichst große Einheiten.
Lösung:
a) 22 min 25 s + 44 min 51 s
= 66 min 76 s = 67 min 16 s
= 1 h 7 min 16 s
b) 12 · (15 h 43 min)
= 12 · 15 h + 12 · 43 min
= 180 h + 516 min = 180 h + 8 h 36 min
= 188 h 36 min
= 7 · 24 h + 20 h + 36 min
= 7 d 20 h 36 min

Beispiel 4
Berechne die Zeitspanne von 6.55 Uhr bis 10.45 Uhr.
Schreibe die Zeitpunkte als Stunden und Minuten und bilde ihre Differenz. Rechne so weit wie möglich einheitenweise.
Lösung:
10 h 45 min – 6 h 55 min
= 4 h 45 min – 55 min
= 3 h 105 min – 55 min
= 3 h 50 min
Man kann die Zeitspanne auch durch Ergänzen zur vollen Stunde erhalten.

6.55 Uhr bis 7.00 Uhr:	5 min
7.00 Uhr bis 10.45 Uhr:	3 h 45 min
zusammen:	3 h 50 min

Beispiel 5
Berechne den Zeitpunkt:
47 min vor 14.35 Uhr
Schreibe den Zeitpunkt als Stunden und Minuten. Subtrahiere davon 47 min.
Lösung:
14 h 35 min – 47 min
= 13 h 95 min – 47 min
= 13 h 48 min
oder auch
14 h 35 min – 47 min
= 14 h 35 min – 35 min – 12 min
= 14 h – 12 min
= 13 h 48 min
Der gesuchte Zeitpunkt ist 13.48 Uhr.

3 Flächeninhalt und Umfang

Durch Auslegen einer Fläche mit gleichen Flächen (z. B. gleich großen Quadraten) kann man ihren Flächeninhalt bestimmen.

Der Flächeninhalt dieser Fläche ist so groß wie der von 12 Kästchen.

Die Maßzahl 12 gibt an, mit wie vielen Kästchen die Fläche ausgelegt werden kann.

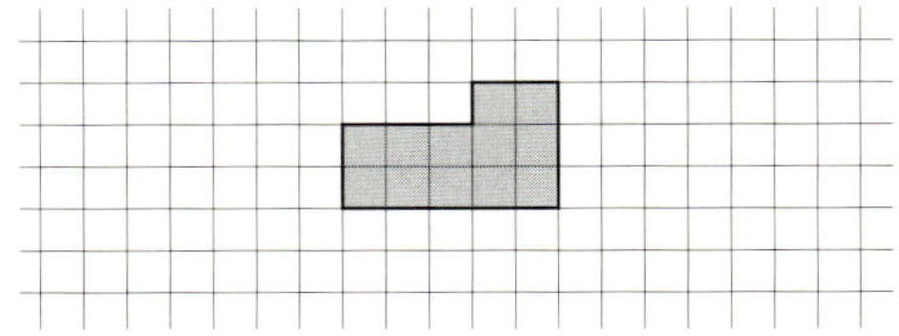

Beispiel 1
Welche der Flächen hat den größeren Flächeninhalt?
Zähle die Kästchen und vergleiche.
Lösung:
Die hellere Figur ist 38 Kästchen, die dunklere 37 Kästchen groß.
Die hellere Figur hat also den größeren Flächeninhalt.

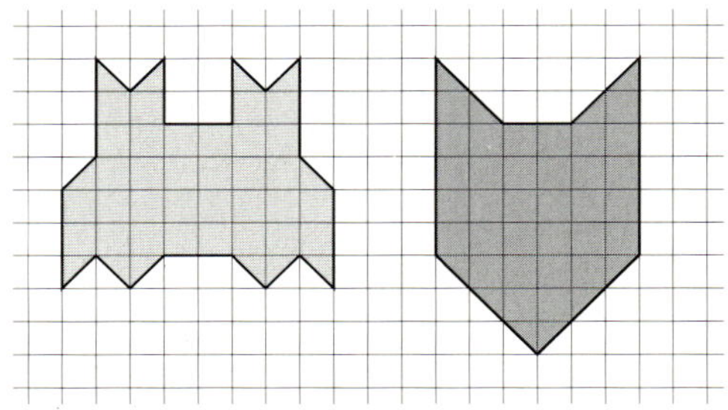

Maßeinheiten bei Flächeninhalten

Hat ein Quadrat die Seitenlänge	so heißt sein Flächeninhalt	
1 mm	**1 mm²**	(lies: Quadratmillimeter oder Millimeter hoch zwei)
1 cm	**1 cm²**	(lies: Quadratzentimeter oder Zentimeter hoch zwei)
1 dm	**1 dm²**	(lies: Quadratdezimeter oder Dezimeter hoch zwei)
1 m	**1 m²**	(lies: Quadratmeter oder Meter hoch zwei)
10 m	**1 a**	(lies: Ar)
100 m	**1 ha**	(lies: Hektar)
1 km	**1 km²**	(lies: Quadratkilometer oder Kilometer hoch zwei)

Beispiel 2

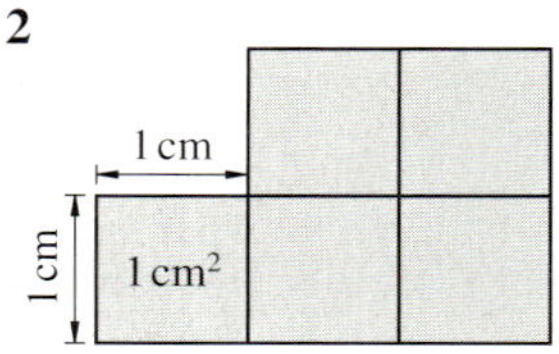

Der Flächeninhalt dieser Fläche beträgt $5 \cdot 1\,\text{cm}^2 = 5\,\text{cm}^2$.

Beispiel 3
a) Ein Bett benötigt eine Stellfläche von etwa $2\,\text{m}^2$.
b) Das Einzelspielfeld beim Tennis ist auf jeder Seite des Netzes ungefähr 1 a groß.
c) Fußballfelder sind zwischen einem halben und einem Hektar groß.

Das 100fache einer Flächeneinheit ergibt die nächstgrößere Flächeneinheit.

Umrechnen von Flächeneinheiten:

	·100		·100		·100		·100		·100		·100	
1 km²		1 ha Hektar		1 a Ar		1 m²		1 dm²		1 cm²		1 mm²
1 km		100 m		10 m		1 m		1 dm		1 cm		1 mm
	·10		·10		·10		·10		·10		·10	

$1\,\text{km}^2 = 100\,\text{ha}$
$1\,\text{ha} = 100\,\text{a}$
$1\,\text{a} = 100\,\text{m}^2$
$1\,\text{m}^2 = 100\,\text{dm}^2$
$1\,\text{dm}^2 = 100\,\text{cm}^2$
$1\,\text{cm}^2 = 100\,\text{mm}^2$

Beispiel 4
a) Schreibe $400\,dm^2$ in m^2.
b) Verwandle $650\,cm^2$ in dm^2 und cm^2.
Lösung:
a) $400\,dm^2 = 4 \cdot 100\,dm^2 = 4\,m^2$
b) $650\,cm^2 = 6 \cdot 100\,cm^2 + 50\,cm^2$
$= 6\,dm^2\ 50\,cm^2$

Beispiel 5
Verwandle 7 ha in m^2.
Setze ein: 1 ha = 100 a; 1 a = 100 m^2
Lösung:
$7\,ha = 7 \cdot 100\,a = 700\,a$
$= 700 \cdot 100\,m^2$
$= 70\,000\,m^2$

Flächeninhalt und Umfang des Rechtecks

Der **Umfang** einer Figur ist die Länge seiner Randlinie. Beim Rechteck ist der Umfang so lang wie die vier Seiten zusammen.

Die Berechnung von Flächeninhalt und Umfang eines Rechtecks kann man durch Formeln beschreiben. Für das Quadrat sind sie besonders einfach.

Formeln für den **Flächeninhalt A** und den **Umfang U**:

Rechteck

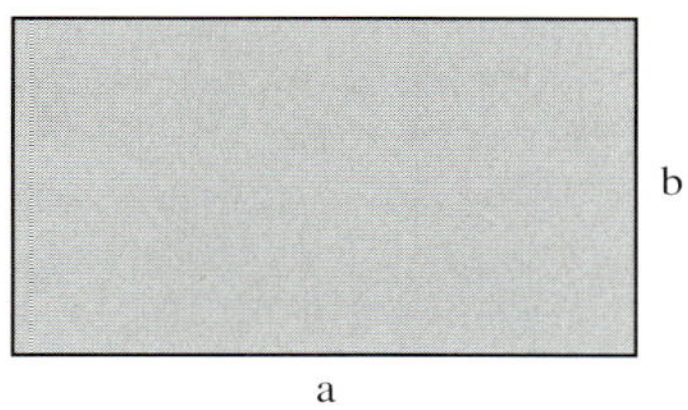

Flächeninhalt $A = a \cdot b$
Umfang $U = 2 \cdot a + 2 \cdot b$

Quadrat

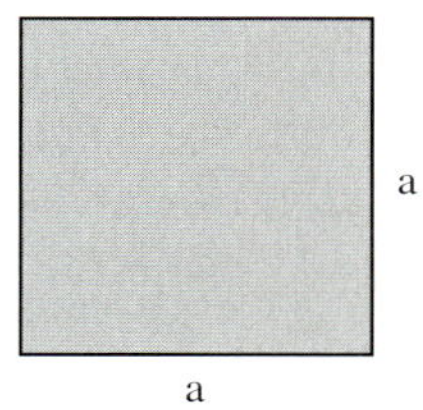

Flächeninhalt $A = a \cdot a = a^2$
Umfang $U = 4 \cdot a$

Beispiel 6
Berechne Flächeninhalt A und Umfang U eines Rechtecks mit den Seitenlängen $a = 80\,cm$ und $b = 37\,cm$.
Lösung:
Gegeben:
Seitenlänge $a = 80\,cm$
$b = 37\,cm$
Gesucht:
Flächeninhalt A, Umfang U
Formel für den Flächeninhalt:
$A = a \cdot b$
Einsetzen: $A = 80\,cm \cdot 37\,cm$
$= (80 \cdot 37)\,cm^2$
$= 2960\,cm^2$
Formel für den Umfang:
$U = 2 \cdot a + 2 \cdot b$
$U = 2 \cdot 80\,cm + 2 \cdot 37\,cm$
$= 234\,cm$

Beispiel 7
Ein Rechteck mit der Seitenlänge $a = 11\,cm$ hat einen Flächeninhalt von $A = 143\,cm^2$.
Berechne die Seitenlänge b.
Lösung:
Gegeben:
Flächeninhalt $A = 143\,cm^2$;
Seitenlänge $a = 11\,cm$
Gesucht:
Seitenlänge b
Formel für den Flächeninhalt:
$A = a \cdot b$
Einsetzen: $143\,cm^2 = 11\,cm \cdot b$
Berechnen von b:
$b = 143\,cm^2 : 11\,cm$
$b = (143 : 11)\,cm$
$b = 13\,cm$

Beachte: Sind die Maße in verschiedenen Einheiten gegeben (z. B. in m und cm), dann musst du sie zuerst vereinheitlichen (z. B. m und cm in cm).

4 Rauminhalt und Oberflächeninhalt

Durch Zerlegen eines Körpers in gleich große Teilkörper (z. B. in gleich große Würfel) kann man seinen Rauminhalt (sein Volumen) bestimmen.

Der Rauminhalt dieses Körpers ist so groß wie der von 7 Würfeln.

Die Maßzahl 7 gibt an, aus wie vielen Würfeln sich der Körper zusammensetzt.

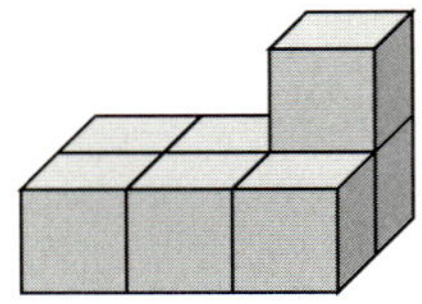

Maßeinheiten bei Rauminhalten

cubus (lat.): Würfel

Hat ein Würfel die Kantenlänge	so heißt sein Rauminhalt	
1 mm	**1 mm³**	(lies: Kubikmillimeter oder Millimeter hoch drei)
1 cm	**1 cm³**	(lies: Kubikzentimeter oder Zentimeter hoch drei)
1 dm	**1 dm³**	(lies: Kubikdezimeter oder Dezimeter hoch drei)
1 m	**1 m³**	(lies: Kubikmeter oder Meter hoch drei)

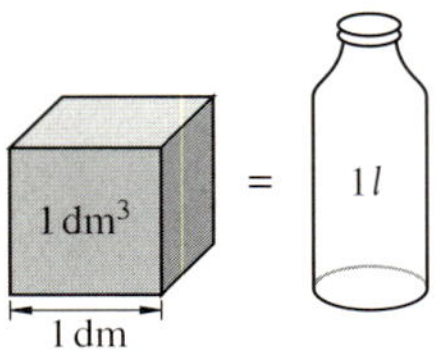

Bei Flüssigkeiten und Hohlkörpern verwendet man statt dm^3 und cm^3 die Einheiten Liter (*l*) und Milliliter (m*l*). Es ist: $1\,l = 1\,dm^3$, $1\,ml = 1\,cm^3$.

Beispiel 1

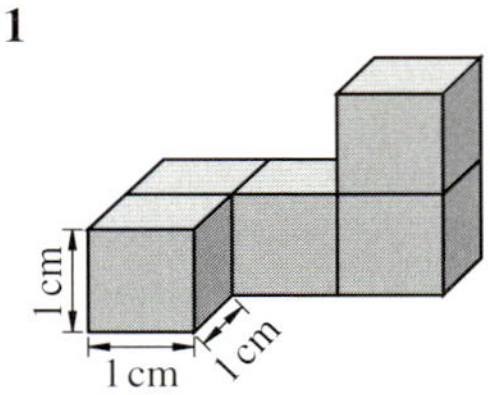

Der Rauminhalt dieses Körpers beträgt $5 \cdot 1\,cm^3 = 5\,cm^3$.

Beispiel 2

a) In m^3 misst man z. B. das Fassungsvermögen eines Schwimmbeckens, den Gas- oder Wasserverbrauch eines Haushalts.
b) In *l* misst man z. B. den Rauminhalt eines Kühlschranks, eines Behälters.
c) In cm^3 oder m*l* misst man z. B. den Rauminhalt von Getränkeflaschen, Konservendosen, Arzneimittelampullen.

1 l = 1000 ml
1 hl = 100 l
(Hektoliter, hekto [griech.]: hundert)

Umrechnen von Raumeinheiten

$1\,m^3 \xleftarrow{\cdot 1000} 1\,dm^3 \xleftarrow{\cdot 1000} 1\,cm^3 \xleftarrow{\cdot 1000} 1\,mm^3$

$1\,m \xleftarrow{\cdot 10} 1\,dm \xleftarrow{\cdot 10} 1\,cm \xleftarrow{\cdot 10} 1\,mm$

$1\,m^3 = 1000\,dm^3$
$1\,dm^3 = 1000\,cm^3$
$1\,cm^3 = 1000\,mm^3$

Beispiel 3

a) Schreibe $3000\,cm^3$ in *l*.
b) Verwandle $7520\,l$ in m^3 und dm^3.
Lösung:
a) $3000\,cm^3 = 3 \cdot 1000\,cm^3$
$= 3\,dm^3 = 3\,l.$
b) $7520\,l = 7520\,dm^3$
$= 7 \cdot 1000\,dm^3 + 520\,dm^3$
$= 7\,m^3 + 520\,dm^3$
$= 7\,m^3\ 520\,dm^3$

Beachte: 1 m³ = 1000 l

Beispiel 4

a) Verwandle $420\,m^3$ in *l*.
b) Verwandle $3\,l\ 400\,ml$ in cm^3.
Lösung:
a) $420\,m^3 = 420 \cdot 1000\,dm^3$
$= 420\,000\,dm^3$
$= 420\,000\,l$
b) $3\,l\ 400\,ml = 3 \cdot 1000\,ml + 400\,ml$
$= 3400\,ml$
$= 3400\,cm^3$

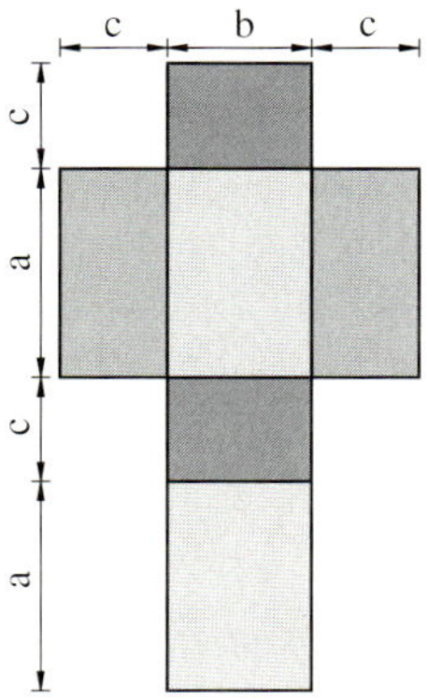

Der **Oberflächeninhalt O** des Quaders ist der Inhalt seiner gesamten Oberfläche, also der Flächeninhalt seiner Abwicklung. Es gilt $O = 2 \cdot a \cdot b + 2 \cdot a \cdot c + 2 \cdot b \cdot c$. Die Oberfläche eines Würfels besteht aus 6 gleichen Quadraten mit der Kantenlänge a. Für den Würfel gilt daher $O = 6 \cdot a^2$.

Formeln für den **Rauminhalt** (das **Volumen**) **V**:

Quader

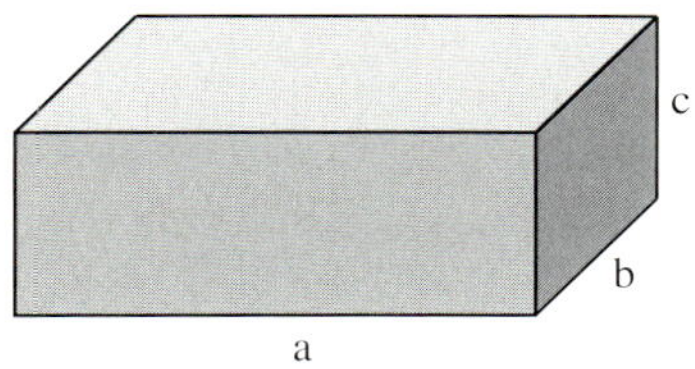

$V = a \cdot b \cdot c$

Würfel

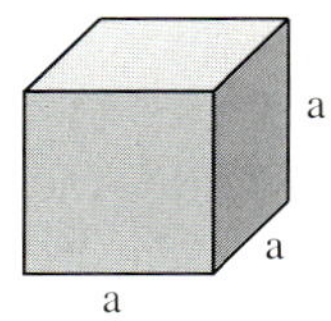

$V = a \cdot a \cdot a = a^3$

Formeln für den **Oberflächeninhalt O**:

Quader: $O = 2 \cdot a \cdot b + 2 \cdot a \cdot c + 2 \cdot b \cdot c$

Würfel: $O = 6 \cdot a^2$

Beispiel 5

Berechne für einen Quader mit den Kantenlängen $a = 8\,cm$; $b = 5\,cm$; $c = 3\,cm$

a) den Rauminhalt und

b) den Oberflächeninhalt.

Lösung:

Gegeben: Kantenlängen $a = 8\,cm$; $b = 5\,cm$; $c = 3\,cm$

a) Gesucht: Rauminhalt V

Formel:

$$V = a \cdot b \cdot c$$

Einsetzen:

$$V = 8\,cm \cdot 5\,cm \cdot 3\,cm$$
$$= (8 \cdot 5 \cdot 3)\,cm^3$$
$$= 120\,cm^3$$

b) Gesucht: Oberflächeninhalt O

Formel:

$$O = 2 \cdot a \cdot b + 2 \cdot a \cdot c + 2 \cdot b \cdot c$$

Einsetzen:

$$O = 2 \cdot 8\,cm \cdot 5\,cm + 2 \cdot 8\,cm \cdot 3\,cm + 2 \cdot 5\,cm \cdot 3\,cm$$
$$= (2 \cdot 8 \cdot 5)\,cm^2 + (2 \cdot 8 \cdot 3)\,cm^2 + (2 \cdot 5 \cdot 3)\,cm^2$$
$$= 80\,cm^2 + 48\,cm^2 + 30\,cm^2$$
$$= 158\,cm^2$$

Beispiel 6

Ein Quader ist 60 cm lang und 45 cm breit. Sein Rauminhalt beträgt $54\,dm^3$.
Wie hoch ist der Quader?

Es sind verschiedene Maßeinheiten angegeben.
Vereinheitliche zuerst.

Lösung:

Gegeben: Kantenlängen $a = 60\,cm$; $b = 45\,cm$;
Rauminhalt $V = 54\,dm^3 = 54\,000\,cm^3$.

Gesucht: Kantenlänge c.

Formel für den Rauminhalt: $V = a \cdot b \cdot c$

Einsetzen: $54\,000\,cm^3 = 60\,cm \cdot 45\,cm \cdot c = 2700\,cm^2 \cdot c$

Berechnen von c: $c = (54\,000 : 2700)\,cm = 20\,cm$

V Teilbarkeit

1 Teiler, Primzahlen und Teilbarkeitsregeln

Wenn man eine Zahl n durch eine Zahl t ohne Rest dividieren kann, so sagt man:
n ist **teilbar** durch t oder kurz: t **teilt** n.
Es ist $72:6 = 12$, also ist 72 teilbar durch 6, bzw. 6 teilt 72.
Aber: Bei der Division $75:6$ bleibt ein Rest von 3, also ist 75 nicht durch 6 teilbar.

Man nennt 6 auch einen **Teiler** von 72 und 72 ein **Vielfaches** von 6.

Will man eine Menge von Zahlen aufschreiben, so schreibt man die Zahlen in {. . .}.

Alle Teiler einer Zahl n kann man zu einer Menge zusammenfassen. Diese Menge wird als **Teilermenge** T_n bezeichnet. Alle Teiler von z. B. 15 sind 1; 3; 5 und 15, also schreibt man $T_{15} = \{1; 3; 5; 15\}$.
Ebenso kann man alle Vielfachen einer Zahl t zu einer Menge zusammenfassen.
Diese Menge wird als **Vielfachenmenge** V_t bezeichnet. Alle Vielfachen von 3 bilden die Menge $V_3 = \{3; 6; 9; 12; 15; \ldots\}$

*Eine natürliche Zahl heißt **zerlegbar**, wenn man sie als Produkt kleinerer natürlicher Zahlen schreiben kann. 6 ist zerlegbar, denn $6 = 2 \cdot 3$.*

Eine natürliche Zahl mit genau 2 Teilern heißt **Primzahl**. Diese Teiler sind 1 und die Zahl selbst.
Die ersten Primzahlen sind 2, 3, 5, 7, 11, 13, 17, 19, 23, 29.
Primzahlen sind nicht zerlegbar in ein Produkt aus kleineren Zahlen.

Endstellenregeln zur Teilbarkeit
Eine Zahl ist immer dann
teilbar durch 10, wenn sie auf 0 endet,
teilbar durch 5, wenn sie auf 0 oder 5 endet,
teilbar durch 2, wenn sie auf 0, 2, 4, 6 oder 8 endet,
teilbar durch 4, wenn die aus ihren letzten zwei Ziffern gebildete Zahl durch 4 teilbar ist,
teilbar durch 8, wenn die aus ihren letzten drei Ziffern gebildete Zahl durch 8 teilbar ist.

Quersumme von 5871: $5 + 8 + 7 + 1 = 21$

Quersummenregel zur Teilbarkeit
Addiert man die Ziffern einer Zahl, so erhält man ihre **Quersumme**.
Eine Zahl ist immer dann
teilbar durch 9, wenn ihre Quersumme durch 9 teilbar ist,
teilbar durch 3, wenn ihre Quersumme durch 3 teilbar ist.

Beispiel
Durch welche der Zahlen 2, 3, 4, 5, 8, 9, 10 ist 8580 teilbar?
Lösung:
Die Endziffer ist 0, damit ist 8580 teilbar durch 2, 5 und 10.
Die Zahl aus den beiden letzten Ziffern ist 80. 80 ist durch 4 teilbar, also auch 8580.
Die Zahl aus den letzten drei Ziffern ist 580. 580 ist nicht durch 8 teilbar, also ist auch 8580 nicht durch 8 teilbar.
Die Quersumme von 8580 ist $8 + 5 + 8 + 0 = 21$. Also ist 8580 durch 3, aber nicht durch 9 teilbar.

2 Primfaktorzerlegung – ggT – kgV

Man kann die Primzahlen als die Grundbausteine der Zahl auffassen, da man jede natürliche Zahl (> 1), die nicht selbst Primzahl ist, als Produkt von Primzahlen schreiben kann. In diesem Sinn sind die Primzahlen die „ersten" Zahlen (lat.: primus: der erste).

Jede natürliche Zahl (> 1) ist entweder eine Primzahl oder lässt sich in ein Produkt aus Primzahlen zerlegen. Die Faktoren nennt man **Primfaktoren**, das Produkt nennt man **Primfaktorzerlegung**.

Die Zerlegung einer Zahl in Primfaktoren ist eindeutig. Bis auf die Reihenfolge der Faktoren gibt es also nur eine Möglichkeit, eine Zahl in Primfaktoren zu zerlegen.

Beispiel 1
Zerlege in Primfaktoren, fasse gleiche Faktoren zu Potenzen zusammen.
a) 148 b) 34 875
Lösung:
a) $148 = 2 \cdot 74 = 2 \cdot 2 \cdot 37 = 2^2 \cdot 37$
b) $34\,875 = 3 \cdot 11\,625 = 3 \cdot 3 \cdot 3875 = 3 \cdot 3 \cdot 5 \cdot 775 = 3 \cdot 3 \cdot 5 \cdot 5 \cdot 155$
$= 3 \cdot 3 \cdot 5 \cdot 5 \cdot 5 \cdot 31 = 3^2 \cdot 5^3 \cdot 31$

Für den ggT von a und b schreibt man auch kurz ggT(a; b).
Lies: ggT von a und b.

Unter den gemeinsamen Teilern zweier Zahlen a und b gibt es einen größten.
Man nennt ihn den **größten gemeinsamen Teiler** (kurz: **ggT**) von a und b.

Wenn zwei Zahlen den ggT 1 haben wie z. B. 5 und 9, dann gibt es außer der Zahl 1 keine weiteren gemeinsamen Teiler. Solche Zahlen nennt man ***zueinander teilerfremd****.*

Beispiel 2
a) Bestimme den ggT von 6 und 249, indem du von der kleineren Zahl alle Teiler bestimmst und dann prüfst, welcher der größte ist, der die andere Zahl teilt.
b) Bestimme den ggT von 240 und 3300 mit Hilfe der Primfaktorzerlegungen.
Lösung:
a) Die Teiler von 6 sind 6; 3; 2 und 1.
6 ist kein Teiler von 249, aber 3 ist Teiler von 249. Damit ist ggT(6; 249) = 3.
b)

240 =	[2] ·	[2] ·	2 ·	2 ·	[3] ·	[5]			
3300 =	[2] ·	[2] ·			[3] ·	[5] ·	5 ·	11	
ggT(240; 3300) =	[2] ·	[2] ·			[3] ·	[5]			= 60

Für das kgV von a und b schreibt man auch kurz kgV(a; b).
Lies: kgV von a und b.

Um das kgV(a; b) zu bestimmen, könnte man auch alle Vielfachen von a und alle Vielfachen von b (bis zu einer genügend großen Zahl) bestimmen und dann unter den gemeinsamen Vielfachen das kleinste suchen.

Unter den gemeinsamen Vielfachen zweier Zahlen a und b gibt es ein kleinstes.
Man nennt es das **kleinste gemeinsame Vielfache** (kurz: **kgV**) von a und b.

Beispiel 3
a) Bestimme das kgV von 15 und 35. Prüfe dazu, welches Vielfache der größeren Zahl (hier 35) ein Vielfaches der kleineren Zahl (hier 15) ist.
b) Bestimme das kgV von 48 und 160 mit Hilfe der Primfaktorzerlegungen.
Lösung:
a) 35 und 70 sind keine Vielfachen von 15, aber 105 ist ein Vielfaches von 15.
Damit ist kgV(15; 35) = 105.
b)

48 =	[2] ·	[2] ·	2 ·	2 ·	[3]				
180 =	[2] ·	[2] ·			[3] ·	3 ·	5		
Also kgV(48; 180) =	[2] ·	[2] ·	2 ·	2 ·	[3] ·	3 ·	5	= 720	

(2 · 2 · 2 · 2 · 3 = 48; 3 · 5: fehlende Primfaktoren)

VI Brüche und Rechnen mit Brüchen

1 Bruchteile und Bruchzahlen

*Was **zählt** der Zähler?*
*Was **benennt** der Nenner?*

$\frac{z}{n}$ eines Ganzen bedeutet: Teile das Ganze in n gleich große Teile und nimm z von diesen Teilen.
$\frac{z}{n}$ nennt man einen Bruch, z heißt **Zähler**, n heißt **Nenner** des **Bruches**.

Beispiel 1
Wie viel cm sind $\frac{3}{5}$ m?
Berechne zuerst $\frac{1}{5}$ m; wandle dazu 1 m in cm um.
Lösung:
$100\,\text{cm} : 5 = 20\,\text{cm}$; $\frac{1}{5}\,\text{m} = 20\,\text{cm}$
$20\,\text{cm} \cdot 3 = 60\,\text{cm}$; $\frac{3}{5}\,\text{m} = 60\,\text{cm}$

Beispiel 3
Welcher Bruchteil von 1 m sind 7 cm?
Überlege zuerst: Welcher Bruchteil von 1 m ist 1 cm?
Lösung:
$1\,\text{m} = 100\,\text{cm}$; $1\,\text{cm} = \frac{1}{100}\,\text{m}$;
$7\,\text{cm} = \frac{7}{100}\,\text{m}$

*Der **Anteil** $\frac{3}{8}$ von 24 kg bedeutet: Teile 24 kg durch 8 und multipliziere anschließend das Ergebnis mit 3.*
Der Anteil $\frac{3}{8}$ von 24 kg sind 9 kg.

Beispiel 2
Berechne $\frac{5}{8}$ von 24 h
Lösung:
$24\,\text{h} : 8 = 3\,\text{h}$; $3\,\text{h} \cdot 5 = 15\,\text{h}$; $\frac{5}{8}$ von 24 h sind 15 h

Beispiel 4
Welcher Anteil von 50 € sind 9 €?
Lösung:
$1\,€ = \frac{1}{50}$ von 50 €; $9\,€ = \frac{9}{50}$ von 50 €

Zu jedem Bruch gehört ein Punkt auf dem Zahlenstrahl.
Zahlen, die man durch Brüche angeben kann, heißen **Bruchzahlen**.
Jede natürliche Zahl ist auch eine Bruchzahl.

Beispiel 5
Zeichne einen Zahlenstrahl (Einheit 6 cm) und trage ein: $\frac{1}{6}$; $\frac{2}{3}$; $\frac{5}{6}$; $\frac{5}{3}$; $\frac{11}{6}$
$\frac{1}{6}$ von 6 cm = 1 cm; also z. B. $\frac{5}{6}$ von 6 cm = 5 cm
$\frac{1}{3}$ von 6 cm = 2 cm; also z. B. $\frac{5}{3}$ von 6 cm = 10 cm

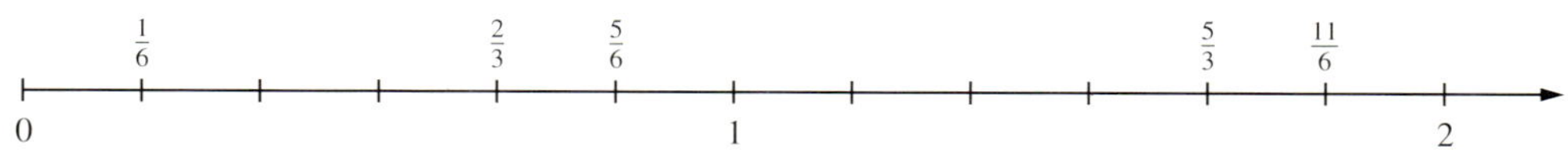

Der Quotient zweier natürlicher Zahlen z und n ist gleich der Bruchzahl $\frac{z}{n}$.
$z : n = \frac{z}{n}$ $(n \neq 0)$; z. B.: $5 : 7 = \frac{5}{7}$

Beachte:
$\frac{0}{4} = 0 : 4 = 0$, aber $\frac{4}{0}$ ergibt keine Zahl, da man durch 0 nicht teilen kann.

Es ist $\frac{3}{2} = 3 : 2 = 1 + 1 : 2 = 1 + \frac{1}{2}$. Für $1 + \frac{1}{2}$ schreibt man auch $1\frac{1}{2}$.
Die Schreibweise $1\frac{1}{2}$ nennt man **gemischte Schreibweise**.

Beispiel 6
a) $2 : 7 = \frac{2}{7}$ b) $\frac{18}{5} = 18 : 5$

Zum Umwandeln von gemischter Schreibweise in Brüche und umgekehrt findest du Beispiele bei der Addition von Brüchen *(s. Seite 28).*

Beispiel 7
Schreibe als Bruchzahl und in gemischter Schreibweise 13 : 5.
$13 : 5 = 2 + 3 : 5 = 2\frac{3}{5}$

2 Erweitern und Kürzen – Vergleichen

Erweitern: Multipliziere Zähler und Nenner des Bruches mit derselben natürlichen Zahl ($\neq 0$).
Kürzen: Dividiere Zähler und Nenner des Bruches durch dieselbe natürliche Zahl.

Kürzen und Erweitern eines Bruches ändert die Größe des Bruchteils bzw. die zugehörige Bruchzahl nicht.
Eine Bruchzahl kann durch viele verschiedene Brüche angegeben werden.

Wenn man einen Rock kürzt, wird seine Länge geändert. Bruchzahlen ändern sich durch Kürzen nicht.

Beispiel 1
a) Erweitere $\frac{4}{9}$ mit 5 b) Kürze $\frac{75}{50}$ mit 25.
Lösung:
a) $\frac{4}{9} = \frac{4 \cdot 5}{9 \cdot 5} = \frac{20}{45}$
b) $\frac{75}{50} = \frac{75:25}{50:25} = \frac{3}{2}$

Beispiel 2
Kürze $\frac{84}{105}$ so weit wie möglich.
Lösung:
$\frac{84}{105} = \frac{28}{35} = \frac{4}{5}$ *(mit 3 und mit 7 gekürzt) oder*
ggT(84; 105) = 21.
$\frac{84}{105} = \frac{4}{5}$ *(mit 21 gekürzt)*

Beispiel 3
Erweitere $\frac{7}{8}$ so, dass im Nenner 1000 steht.
Lösung:
$1000 : 8 = 125;$
$\frac{7}{8} = \frac{7 \cdot 125}{8 \cdot 125} = \frac{875}{1000}$

Beispiel 4
Kürze $\frac{55}{187}$ so, dass im Nenner 17 steht.
Lösung:
$187 : 17 = 11$
$\frac{55}{187} = \frac{5}{17}$ *(mit 11 gekürzt)*

Brüche mit gleichem Nenner nennt man gleichnamig. Der kleinstmögliche gemeinsame Nenner mehrerer Brüche ist das kleinste gemeinsame Vielfache ihrer Nenner. Er heißt ***Hauptnenner****.*

Vergleichen:
Erweitere oder kürze (falls nötig) so, dass du entweder gleichnamige Brüche oder Brüche mit gleichem Zähler erhältst.
Sind die Brüche gleichnamig, dann gehört der Bruch mit dem größeren Zähler zur größeren Bruchzahl.
Sind die Zähler gleich, dann gehört der Bruch mit dem größeren Nenner zur kleineren Bruchzahl.

Auch beim Vergleichen von zwei Bruchzahlen gilt: Die größere der beiden Zahlen liegt rechts auf dem Zahlenstrahl.

Beispiel 5
Vergleiche $\frac{23}{49}$ und $\frac{19}{49}$.
Lösung:
$\frac{19}{49} < \frac{23}{49}$, denn $19 < 23$, und die Nenner sind gleich groß.

Beispiel 6
Vergleiche $\frac{17}{25}$ und $\frac{17}{29}$.
Lösung:
$\frac{17}{25} > \frac{17}{29}$, denn $25 < 29$, und die Zähler sind gleich groß.

Beispiel 7
Vergleiche $\frac{5}{8}$ und $\frac{2}{3}$.
Lösung:
1. Möglichkeit: *Gleichnamig machen.*
kgV (8; 3) = 24; Hauptnenner ist 24.
$\frac{5}{8} = \frac{15}{24}$; $\frac{2}{3} = \frac{16}{24}$; $\frac{15}{24} < \frac{16}{24}$, also $\frac{5}{8} < \frac{2}{3}$
2. Möglichkeit: *Erweitere beide Brüche so, dass sie gleiche Zähler erhalten.*
$\frac{5}{8} = \frac{10}{16}$; $\frac{2}{3} = \frac{10}{15}$
Der Bruch mit dem kleineren Nenner gehört zur größeren Bruchzahl.
$\frac{10}{16} < \frac{10}{15}$, also: $\frac{5}{8} < \frac{2}{3}$

3 Addition und Subtraktion von Brüchen

Zum Gleichnamigmachen benutze möglichst den Hauptnenner (s. Seite 27).

1. Wenn die Brüche verschiedene Nenner haben, mache sie gleichnamig.
2. Addiere bzw. subtrahiere die Zähler.
3. Behalte den gemeinsamen Nenner bei.

Beispiel 1
Berechne
a) $\frac{11}{17} + \frac{5}{17}$
b) $\frac{3}{7} + \frac{4}{9}$
c) $\frac{5}{12} + \frac{7}{18}$
Lösung:
a) *Die Nenner sind gleich; der erste Schritt entfällt.*
$\frac{11}{17} + \frac{5}{17} = \frac{16}{17}$
b) *Die Nenner sind teilerfremd; der Hauptnenner ist das Produkt der beiden Nenner.*
$\frac{3}{7} + \frac{4}{9} = \frac{27}{63} + \frac{28}{63} = \frac{55}{63}$
c) *Die Nenner sind nicht teilerfremd; der Hauptnenner ist das kgV der beiden Nenner.*
kgV (12; 18) = 36
$\frac{5}{12} + \frac{7}{18} = \frac{15}{36} + \frac{14}{36} = \frac{29}{36}$

Beispiel 2
Berechne
a) $\frac{17}{19} - \frac{12}{19}$
b) $\frac{7}{3} - \frac{5}{7}$
c) $\frac{11}{15} - \frac{7}{25}$
Lösung:
a) $\frac{17}{19} - \frac{12}{19} = \frac{5}{19}$
b) $\frac{7}{3} - \frac{5}{7} = \frac{49}{21} - \frac{15}{21} = \frac{34}{21}$
c) kgV (15; 25) = 75
$\frac{11}{15} - \frac{7}{25} = \frac{55}{75} - \frac{21}{75} = \frac{34}{75}$

Rechnen mit gemischten Brüchen
Man kann gemischte Brüche auch addieren bzw. subtrahieren, indem man sie als Brüche schreibt und dann addiert bzw. subtrahiert. Bei der Multiplikation und Division muss man es auf jeden Fall so machen.

Beispiel 3
a) Schreibe $\frac{17}{5}$ als Bruchzahl in gemischter Schreibweise.
b) Schreibe $8\frac{3}{4}$ als Bruch.
Lösung:
a) $\frac{17}{5} = 17 : 5 = 3 + 2 : 5 = 3\frac{2}{5}$
b) *Die gemischte Schreibweise* $8\frac{3}{4}$ *ist eine Abkürzung für* $8 + \frac{3}{4}$.
$8\frac{3}{4} = 8 + \frac{3}{4} = \frac{32}{4} + \frac{3}{4} = \frac{35}{4}$

Beispiel 4
Berechne:
a) $7\frac{3}{4} + 4\frac{4}{5}$ b) $8\frac{2}{7} - 2\frac{3}{7}$
Lösung:
a) $7\frac{3}{4} + 4\frac{4}{5} = (7 + 4) + \left(\frac{3}{4} + \frac{4}{5}\right)$
$= 11 + \frac{15}{20} + \frac{16}{20} = 11 + \frac{31}{20}$
$= 11 + 1\frac{11}{20} = 12\frac{11}{20}$
b) $8\frac{2}{7} - 2\frac{3}{7} = 7\frac{9}{7} - 2\frac{3}{7}$
$(7 - 2) + \left(\frac{9}{7} - \frac{3}{7}\right) = 5 + \frac{6}{7} = 5\frac{6}{7}$

Auch beim Rechnen mit Brüchen gilt:

Rechengesetze bringen Rechenvorteile!

Assoziativgesetz der Addition
Für alle Brüche $\frac{a}{b}, \frac{c}{d}, \frac{e}{f}$ gilt:
$\left(\frac{a}{b} + \frac{c}{d}\right) + \frac{e}{f} = \frac{a}{b} + \left(\frac{c}{d} + \frac{e}{f}\right)$

Kommutativgesetz der Addition
Für alle Brüche $\frac{a}{b}, \frac{c}{d}$ gilt:
$\frac{a}{b} + \frac{c}{d} = \frac{c}{d} + \frac{a}{b}$

Beispiel 5
Berechne geschickt: $\frac{7}{15} + \frac{5}{21} + \frac{13}{15}$
Lösung:
Stelle so um, dass zuerst Brüche mit gleichem Nenner addiert werden.
$\frac{7}{15} + \frac{5}{21} + \frac{13}{15} = \frac{7}{15} + \frac{13}{15} + \frac{5}{21}$
$= \frac{20}{15} + \frac{5}{21} = \frac{4}{3} + \frac{5}{21} = \frac{28}{21} + \frac{5}{21} = \frac{33}{21} = \frac{11}{7}$

Beispiel 6
Berechne: $\frac{3}{16} + \frac{5}{16} + \frac{11}{36} + \frac{7}{36}$
Lösung:
Nutze das Assoziativgesetz aus.
$\frac{3}{16} + \frac{5}{16} + \frac{11}{36} + \frac{7}{36} = \left(\frac{3}{16} + \frac{5}{16}\right) + \left(\frac{11}{36} + \frac{7}{36}\right)$
$= \frac{8}{16} + \frac{18}{36} = \frac{1}{2} + \frac{1}{2}$
$= 1$

4 Multiplikation von Brüchen

Multiplikation eines Bruches mit einer natürlichen Zahl:
1. Multipliziere den Zähler des Bruches mit der natürlichen Zahl.
2. Behalte den Nenner des Bruches bei. $a \cdot \frac{b}{c} = \frac{a \cdot b}{c}$

Beispiel 1

Berechne $12 \cdot \frac{13}{28}$. Kürze dabei möglichst früh.

Lösung:

$12 \cdot \frac{13}{28} = \frac{12 \cdot 13}{28} = \frac{3 \cdot 13}{7} = \frac{39}{7}$

Multiplikation zweier Brüche:
Multipliziere Nenner mit Nenner und Zähler mit Zähler.
$\frac{a}{b} \cdot \frac{c}{d} = \frac{a \cdot c}{b \cdot d}$

Früh kürzen!! Dann bleiben die Zahlen klein.

Beispiel 2

Berechne: $\frac{15}{14} \cdot \frac{28}{25}$

Lösung:

Kürze möglichst früh.

$\frac{15}{14} \cdot \frac{28}{25} = \frac{15 \cdot 28}{14 \cdot 25} = \frac{3 \cdot 2}{1 \cdot 5} = \frac{6}{5}$

Beispiel 3

Berechne: $5\frac{2}{3} \cdot 2\frac{3}{17}$

Lösung:

Verwandle zuerst in Brüche.

$5\frac{2}{3} \cdot 2\frac{3}{17} = \frac{17}{3} \cdot \frac{37}{17} = \frac{1 \cdot 37}{3 \cdot 1} = \frac{37}{3} = 12\frac{1}{3}$

Assoziativgesetz der Multiplikation
Für alle Brüche $\frac{a}{b}, \frac{c}{d}, \frac{e}{f}$ gilt:
$\frac{a}{b} \cdot \left(\frac{c}{d} \cdot \frac{e}{f}\right) = \left(\frac{a}{b} \cdot \frac{c}{d}\right) \cdot \frac{e}{f}$

Kommutativgesetz der Multiplikation
Für alle Brüche $\frac{a}{b}, \frac{c}{d}$ gilt:
$\frac{a}{b} \cdot \frac{c}{d} = \frac{c}{d} \cdot \frac{a}{b}$

Distributivgesetze der Multiplikation:
Für alle Brüche $\frac{a}{b}, \frac{c}{d}, \frac{e}{f}$ gilt: $\frac{a}{b} \cdot \left(\frac{c}{d} + \frac{e}{f}\right) = \frac{a}{b} \cdot \frac{c}{d} + \frac{a}{b} \cdot \frac{e}{f}$
Für alle Brüche $\frac{a}{b}, \frac{c}{d}, \frac{e}{f}$ mit $\frac{c}{d} \geqq \frac{e}{f}$ gilt: $\frac{a}{b} \cdot \left(\frac{c}{d} - \frac{e}{f}\right) = \frac{a}{b} \cdot \frac{c}{d} - \frac{a}{b} \cdot \frac{e}{f}$

Beispiel 4

Berechne geschickt: $\frac{3}{2} \cdot \frac{5}{7} \cdot \frac{1}{3} \cdot \frac{7}{5}$

Lösung:

$\frac{3}{2} \cdot \frac{5}{7} \cdot \frac{1}{3} \cdot \frac{7}{5} = \frac{3}{2} \cdot \frac{1}{3} \cdot \frac{5}{7} \cdot \frac{7}{5}$

$= \left(\frac{3}{2} \cdot \frac{1}{3}\right) \cdot \left(\frac{5}{7} \cdot \frac{7}{5}\right) = \frac{1}{2} \cdot 1 = \frac{1}{2}$

Beispiel 5

Berechne geschickt: $\left(\frac{5}{7} - \frac{3}{8}\right) \cdot \frac{7}{5}$

Lösung:

$\left(\frac{5}{7} - \frac{3}{8}\right) \cdot \frac{7}{5} = \frac{5}{7} \cdot \frac{7}{5} - \frac{3}{8} \cdot \frac{7}{5} = 1 - \frac{21}{40}$

$= \frac{19}{40}$

Beispiel 6

Wende ein Distributivgesetz an.

a) $\frac{5}{7} \cdot \frac{9}{11} + \frac{2}{7} \cdot \frac{9}{11}$

b) $3\frac{4}{5} \cdot \frac{5}{8}$

Lösung:

a) $\frac{5}{7} \cdot \frac{9}{11} + \frac{2}{7} \cdot \frac{9}{11} = \left(\frac{5}{7} + \frac{2}{7}\right) \cdot \frac{9}{11} = 1 \cdot \frac{9}{11} = \frac{9}{11}$

b) $3\frac{4}{5} \cdot \frac{5}{8} = \left(3 + \frac{4}{5}\right) \cdot \frac{5}{8}$

$= 3 \cdot \frac{5}{8} + \frac{4}{5} \cdot \frac{5}{8} = \frac{15}{8} + \frac{1}{2}$

$= \frac{15}{8} + \frac{4}{8} = \frac{19}{8}$

$= 2\frac{3}{8}$

5 Division von Brüchen

Division eines Bruches durch eine natürlichen Zahl (ungleich null):
1. Multipliziere den Nenner des Bruches mit der natürlichen Zahl.
2. Behalte den Zähler bei.

$\frac{a}{b} : c = \frac{a}{b \cdot c}$ $(c \neq 0)$

Wird ein Bruch durch eine natürliche Zahl geteilt, die ein Teiler des Zählers ist, kann man auch den Zähler durch diese Zahl teilen und den Nenner beibehalten.

Beispiel 1

$\frac{6}{5} : 7 = \frac{6}{5 \cdot 7} = \frac{6}{35}$

Beispiel 2

Der Zähler ist durch den Divisor teilbar.

$\frac{75}{11} : 25 = \frac{75:25}{11} = \frac{3}{11}$

Vertauscht man bei einem Bruch Zähler und Nenner, so erhält man seinen **Kehrbruch**:
$\frac{b}{a}$ ist der Kehrbruch des Bruches $\frac{a}{b}$ $(a \neq 0;\ b \neq 0)$.

Division eines Bruches durch einen Bruch:
Multipliziere den ersten Bruch mit dem Kehrbruch des zweiten Bruches.

$\frac{a}{b} : \frac{c}{d} = \frac{a}{b} \cdot \frac{d}{c}$ $(b, c, d \neq 0)$

Es ist:

$\frac{13+23}{13} = \frac{36}{13} = 36 : 13$

also

$\frac{13+23}{13} = (13+23) : 13$

Deshalb darf man hier nicht mit 13 kürzen.

Beispiel 3

Berechne: $\frac{5}{8} : \frac{3}{4}$

Lösung:

$\frac{5}{8} : \frac{3}{4} = \frac{5}{8} \cdot \frac{4}{3} = \frac{5 \cdot 1}{2 \cdot 3} = \frac{5}{6}$

Beispiel 4

Berechne $7 : \frac{5}{8}$

Lösung:

$7 : \frac{5}{8} = \frac{7}{1} : \frac{5}{8} = \frac{7}{1} \cdot \frac{8}{5} = \frac{7 \cdot 8}{1 \cdot 5} = \frac{56}{5} = 11\frac{1}{5}$

Beispiel 5

Berechne

a) $\frac{3}{5} : 2\frac{7}{8}$ b) $5\frac{3}{4} : 2\frac{5}{6}$

Wandle die Zahlen in gemischter Schreibweise jeweils in einen Bruch um.

Lösung:

a) $\frac{3}{5} : 2\frac{7}{8} = \frac{3}{5} : \frac{23}{8} = \frac{3 \cdot 8}{5 \cdot 23} = \frac{24}{115}$

b) $5\frac{3}{4} : 2\frac{5}{6} = \frac{23}{4} : \frac{17}{6} = \frac{23 \cdot 6}{4 \cdot 17} = \frac{23 \cdot 3}{2 \cdot 17} = \frac{69}{34}$

Den Quotienten $\frac{2}{5} : \frac{7}{15}$ kann man auch als Bruch schreiben. Es gilt: $\frac{2}{5} : \frac{7}{15} = \frac{\frac{2}{5}}{\frac{7}{15}}$.

Solche Quotienten von Brüchen nennt man **Doppelbrüche**.

Beispiel 6

Berechne: $\frac{\frac{19}{34}}{\frac{6}{17}}$

Lösung:

Schreibe den Doppelbruch als Quotient von Brüchen.

$\frac{\frac{19}{34}}{\frac{6}{17}} = \frac{19}{24} : \frac{6}{17} = \frac{19}{34} \cdot \frac{17}{6} = \frac{19}{2 \cdot 6} = \frac{19}{12}$

Beispiel 7

Berechne: $\frac{\frac{3}{7} - \frac{1}{5}}{\frac{4}{5} + \frac{1}{2}}$

Lösung:

Setze Zähler und Nenner in Klammern.

$\frac{\frac{3}{7} - \frac{1}{5}}{\frac{4}{5} + \frac{1}{2}} = \left(\frac{3}{7} - \frac{1}{5}\right) : \left(\frac{4}{5} + \frac{1}{2}\right) = \frac{15-7}{35} : \frac{8+5}{10}$

$= \frac{12}{35} : \frac{13}{10} = \frac{12}{35} \cdot \frac{10}{13} = \frac{12 \cdot 2}{7 \cdot 13} = \frac{24}{91}$

VII Dezimalbrüche

1 Dezimalschreibweise von Brüchen

Der **dezimalen Schreibweise** (Kommaschreibweise) von Bruchzahlen liegt eine erweiterte Stellentafel zugrunde.

Hunderter	Zehner	Einer		Zehntel	Hundertstel	Tausendstel	...
3	9	2	,	4	6	7	

Der in der Stellentafel dargestellte **Dezimalbruch** bedeutet:

$392{,}467 = 3 \cdot 100 + 9 \cdot 10 + 2 \cdot 1 + 4 \cdot \frac{1}{10} + 6 \cdot \frac{1}{100} + 7 \cdot \frac{1}{1000} = \frac{392\,467}{1000}$

Er wird gelesen: dreihundertzweiundneunzig-Komma-vier-sechs-sieben.

> Bei der Dezimalschreibweise bedeutet die 1. (2., 3., . . .) Stelle hinter dem Komma Zehntel (Hundertstel, Tausendstel, . . .)
> Beispiel: $28{,}307 = 28 + \frac{3}{10} + \frac{0}{100} + \frac{7}{1000}$

Häufig verwendete Dezimalbrüche:

$\frac{1}{2} = 0{,}5$ $\frac{1}{4} = 0{,}25$ $\frac{3}{4} = 0{,}75$ $\frac{1}{8} = 0{,}125$

$\frac{1}{10} = 0{,}1$ $\frac{1}{100} = 0{,}01$ $\frac{1}{5} = 0{,}2$ $\frac{2}{5} = 0{,}4$

Beachte: Es ist $\frac{3}{10} = \frac{30}{100} = \frac{300}{1000}$, also $0{,}3 = 0{,}30 = 0{,}300$. Daher kann man Nullen am Ende eines Dezimalbruchs weglassen oder hinzufügen, ohne dass sich die dargestellte Zahl ändert.

Die Anzahl der Nachkommastellen ist gleich der Anzahl der Nullen des Nenners in der Schreibweise als ungekürzter Bruch.

Beispiel 1

Zerlege die Brüche passend und schreibe sie anschließend als Dezimalbrüche.

a) $\frac{23}{10}$ b) $\frac{247}{10}$ c) $\frac{19}{100}$ d) $\frac{5}{1000}$ e) $\frac{3079}{1000}$

Lösung:

a) $\frac{23}{10} = 2 + \frac{3}{10} = 2{,}3$

b) $\frac{247}{10} = 24 + \frac{7}{10} = 24{,}7$

c) $\frac{19}{100} = 0 + \frac{19}{100} = 0 + \frac{1}{10} + \frac{9}{100} = 0{,}19$

d) $\frac{5}{1000} = 0 + \frac{0}{10} + \frac{0}{100} + \frac{5}{1000} = 0{,}005$

e) $\frac{3079}{1000} = 3 + \frac{0}{10} + \frac{7}{100} + \frac{9}{1000} = 3{,}079$

Beispiel 2

Schreibe die Zahlen als Bruch.

a) 34,78 b) 0,0008 c) 23,07

Lösung:

a) $34{,}78 = 34 + \frac{7}{10} + \frac{8}{100} = 34 + \frac{78}{100} = \frac{3478}{100} = \frac{1739}{50}$

b) $0{,}0008 = 0 + \frac{0}{10} + \frac{0}{100} + \frac{0}{1000} + \frac{8}{10\,000} = \frac{8}{10\,000} = \frac{1}{1250}$

c) $23{,}07 = 23 + \frac{0}{10} + \frac{7}{100} = \frac{2307}{100}$

Zur Erinnerung:
$10 = 10^1$
$100 = 10^2$
$1000 = 10^3$
⋮
sind Zehnerpotenzen.

Beispiel 3

Schreibe $\frac{13}{250}$ als Dezimalbruch.

Erweitere den Bruch so, dass der Nenner eine Zehnerpotenz wird.

Lösung:

$\frac{13}{250} = \frac{52}{1000} = 0{,}052$

Beispiel 4

Schreibe $\frac{54}{75}$ als Dezimalbruch.

Kürze zuerst; erweitere dann wie in Beispiel 3.

Lösung:

$\frac{54}{75} = \frac{18}{25} = \frac{72}{100} = 0{,}72$

2 Vergleichen und Runden von Dezimalbrüchen

Bei unterschiedlicher Stellenzahl vor dem Komma gilt:
Die Zahl, die mehr Stellen vor dem Komma hat, ist die größere.
Bei gleicher Stellenzahl vor dem Komma gilt:
Die Zahl, die von links gelesen zuerst eine größere Ziffer hat, ist die größere.

Beispiel 1
Vergleiche 11,999 und 9,119998.
Die Zahlen haben unterschiedliche Stellenzahl vor dem Komma.
Lösung:
11,999 > 9,119998

Beispiel 2
Vergleiche 326,786 und 326,791.
Gleich viele Vorkommastellen, also Ziffern vergleichen.
326,786
326,791   9 > 8
Lösung:
326,791 > 326,786

Beispiel 3
Vergleiche 23,4 und 23,42.
Hänge so viele Nullen an, dass die beiden Zahlen die gleiche Zahl von Nachkommastellen haben.
Vergleiche dann 23,40 und 23,42.
Lösung:
23,42 > 23,4

Wenn man zwei Brüche in verschiedenen Schreibweisen vergleichen soll, muss man sie zuerst beide in der gleichen Schreibweise schreiben.

Beispiel 4
Vergleiche $\frac{16}{25}$ und 0,654.
Lösung:
$\frac{16}{25} = \frac{64}{100} = 0{,}64$, also $\frac{16}{25} < 0{,}654$

Runden

Messgeräte messen immer nur mit einer bestimmten Genauigkeit. Daher werden Messergebnisse meistens als gerundete Zahlen aufgefasst. Der Messwert 4,8 cm bedeutet: Die genaue Länge liegt zwischen 4,75 cm (einschließlich) und 4,85 cm (ausschließlich).

Vor dem Runden muss man wissen, wie viele Nachkommastellen die gerundete Zahl haben soll.
Ist die erste wegzulassende Stelle 0, 1, 2, 3 oder 4, so wird abgerundet.
Ist die erste wegzulassende Stelle 5, 6, 7, 8 oder 9, so wird aufgerundet.

Beispiel 5
a) Runde 4,325 39 auf Hundertstel.
Auf diese Stelle runden. (↗ 2) *Hier steht eine 5, also wird aufgerundet.* (↖ 5)
Lösung:
4,325 39 ≈ 4,33
b) Runde 2,349 43 auf Tausendstel.
Hier muss abgerundet werden.
Lösung:
2,349 43 ≈ 2,349

Beispiel 6
Runde 3,799 94 auf Tausendstel.
Auf diese Stelle runden. (↗ 9) *Hier steht eine 9, also wird aufgerundet.* (↖ 9)
Lösung:
3,799 94 ≈ 3,800
Um deutlich zu machen, dass auf 3 Nachkommastellen gerundet wird, dürfen die beiden letzten Nullen nicht weggelassen werden.

3 Addieren und Subtrahieren von Dezimalbrüchen

(1) Schreibe die Dezimalbrüche so untereinander, dass **Komma unter Komma** steht.
(2) Addiere bzw. subtrahiere stellenweise.

Beispiel 1
a) 40,648 + 5,876 b) 45,781 + 4,3 c) 9,765 – 3,51 d) 6 – 4,72
Schreibe Komma unter Komma. Fehlende Stellenwerte kannst du mit Nullen auffüllen.
Lösung:

a)
$$\begin{array}{r} 40{,}648 \\ +\ 5{,}876 \\ \scriptstyle 1\ 11 \\ \hline 46{,}524 \end{array}$$

b)
$$\begin{array}{r} 45{,}781 \\ +\ 4{,}300 \\ \scriptstyle 11 \\ \hline 50{,}081 \end{array}$$

c)
$$\begin{array}{r} 9{,}765 \\ -\ 3{,}510 \\ \hline 6{,}255 \end{array}$$

d)
$$\begin{array}{r} 6{,}00 \\ -\ 4{,}72 \\ \scriptstyle 1\ 1 \\ \hline 1{,}28 \end{array}$$

Beispiel 2
Überschlage und berechne.
3,4 m + 12,7 m + 0,75 m + 3,42 m
Runde für den Überschlag so, dass du im Kopf rechnen kannst.
Lösung:
Überschlag:
3 m + 13 m + 1 m + 3 m = 20 m

Rechnung:
$$\begin{array}{r} 3{,}40\,\text{m} \\ +\ 12{,}70\,\text{m} \\ +\ 0{,}75\,\text{m} \\ +\ 3{,}42\,\text{m} \\ \scriptstyle 12 \\ \hline 20{,}27\,\text{m} \end{array}$$

4 Multiplizieren und Dividieren mit Zehnerpotenzen

Multipliziert man einen Dezimalbruch mit 10 (100; 1000; . . .), so rückt das Komma um 1 (2; 3; . . .) Stellen nach **rechts**.
Dividiert man einen Dezimalbruch durch 10 (100; 1000; . . .), so rückt das Komma um 1 (2; 3; . . .) Stellen nach **links**.

Beispiel 1
Berechne a) $2{,}357 \cdot 100$ b) $5{,}31 \cdot 10\,000$ c) $765{,}3 : 100$ d) $6{,}8 : 1000$
Lösung:
a) $2{,}357 \cdot 100 = 235{,}7$
b) *Um das Komma um 4 Stellen nach rechts verschieben zu können, müssen zwei zusätzliche Nullen angefügt werden.*
$5{,}31 \cdot 10\,000 = 53\,100$
c) $765{,}3 : 100 = 7{,}653$
d) *Hier müssen noch Nullen vorn angefügt werden.*
$6{,}8 : 1000 = 0{,}0068$

Beispiel 2
a) Mit welcher Zahl muss man 0,0765 multiplizieren, um 765 zu erhalten?
b) Durch welche Zahl muss man 32 560 dividieren, um 0,003 256 0 zu erhalten?
Lösung:
a) *Das Komma muss um 4 Stellen nach rechts gerückt werden, also:*
Multiplikation mit 10 000.
b) *Das Komma muss um 7 Stellen nach links gerückt werden, also:*
Division durch 10 000 000.

5 Multiplizieren von Dezimalbrüchen

> **Multiplizieren von Dezimalbrüchen:**
> (1) Multipliziere zuerst, ohne auf Kommas zu achten.
> (2) Setze das Komma so, dass das Ergebnis ebenso viele Stellen nach dem Komma hat wie beide Faktoren zusammen.

Beispiel 1

a)
```
 1 Stelle  2 Stellen
 4,8  ·  3,42
 ------------
    144
      192
        96
      1 1
 ------------
    16,416
       3 Stellen
```

b)
```
 2 Stellen  2 Stellen
 1,86  ·  0,54
 -------------
        930
         744
         1
 -------------
      1,0044
      4 Stellen
```

c)
```
 3 Stellen    3 Stellen
 0,031  ·  0,072
 ----------------
            217
              62
             1
 ----------------
        0,002232
        6 Stellen
```

Um hier 6 Stellen abstreichen zu können, muss man im Ergebnis noch Nullen voranstellen.

Ein Produkt ändert sich nicht, wenn man bei einem Faktor das Komma nach rechts und beim anderen Faktor das Komma um ebenso viele Stellen nach links verschiebt **(gegensinnige Kommaverschiebung)**.

Beachte:
0,1 · 0,1 = 0,01
0,2 · 0,2 = 0,04
0,3 · 0,3 = 0,09
0,4 · 0,4 = 0,16

Beispiel 2
Berechne mit Hilfe von gegensinniger Kommaverschiebung 0,03 · 120.
Verschiebe das Komma beim ersten Faktor um zwei Stellen nach rechts und beim zweiten Faktor um 2 Stellen nach links.
Lösung:
0,03 · 120 = 3 · 1,2 = 3,6

Das Rechnen mit gegensinniger Kommaverschiebung kann bei Überschlagsrechnungen nützlich sein.

Beispiel 3
Überschlage
a) 18,6 · 53,84
b) 482,6 · 0,034
Lösung:
a) *Runde auf ganze Zahlen, mit denen du im Kopf rechnen kannst.*
18,6 · 53,84 ≈ 20 · 53 = 1060
b) *Beachte die gegensinnige Kommaverschiebung.*
482,6 · 0,034 = 4,826 · 3,4
≈ 5 · 3
= 15

Beispiel 4
Überschlage 646,5 · 0,243
Lösung:
646,5 · 0,243 = 6,465 · 24,3
Beim Überschlagen eines Produkts ist es meistens günstig, einen Faktor aufzurunden und einen Faktor abzurunden, auch wenn dies nicht dem normalen Runden entspricht.
646,5 · 0,243 = 6,465 · 24,3 ≈ 6 · 25 = 150
150 liegt dichter am richtigen Ergebnis 157,0995 als 6 · 24 = 144.

6 Dividieren von Dezimalbrüchen

Dividieren eines Dezimalbruchs durch eine natürliche Zahl:
(1) Dividiere den Dezimalbruch wie eine natürliche Zahl.
(2) Setze beim Überschreiten des Kommas auch im Ergebnis ein Komma.

Beispiel 1

a)
```
 9,2 : 8 = 1,15
-8        ↑
 12  →  Komma
-8      setzen
 40
-40
  0
```
Rechne so lange weiter, bis der Rest 0 ist.

b)
```
 17 : 4 = 4,25
-16       ↑
 10  →  Komma
-8      setzen
 20
-20
  0
```

c)
```
 0,24 : 6 = 0,04
-0
 02
-0
 24
-24
  0
```
Achte auf die Nullen.

Dividieren durch einen Dezimalbruch:
(1) Verschiebe das Komma bei beiden Zahlen so weit in die gleiche Richtung, bis der Divisor eine natürliche Zahl ist.
(2) Führe nun die Division aus.

Beispiel 2
2,2608 : 0,18
Hier musst du das Komma um 2 Stellen nach rechts verschieben.
Lösung:
```
2,2608 : 0,18 = 226,08 : 18 = 12,56
               -18
                 46
                -36
                 100
                 -90
                  108
                 -108
                    0
```

Beispiel 3
2,55 : 0,017
Bei der Kommaverschiebung um 3 Stellen nach rechts musst du bei 2,55 noch eine 0 anhängen.
Lösung:
```
2,55 : 0,017 = 2550 : 17 = 150
              -17
                85
               -85
                 00
                 -0
                  0
```

Beispiel 4
Überschlage und berechne 5,51 : 0,38
Lösung:
Überschlag
1. Schritt: 5,51 : 0,38 = 55,1 : 3,8
2. Schritt:
die nächste durch 4 teilbare Zahl ist 56, also: (zu 55,1)
Auf eine Stelle vor dem Komma gerundet: 4 (zu 3,8)
5,51 : 0,38 ≈ 56 : 4 = 14

Rechnung
```
5,51 : 0,38 = 551 : 38 = 14,5
             -38
              171
             -152
              190
             -190
                0
```

7 Gewöhnliche Brüche und Dezimalbrüche

Um die Dezimalbruchdarstellung einer Bruchzahl $\frac{a}{b}$ zu bekommen, dividiert man a durch b nach den Regeln der Division von Dezimalbrüchen.
Wandelt man Brüche mit dem Divisionsverfahren in Dezimalbrüche um, so erhält man entweder **abbrechende** Dezimalbrüche oder **periodische** Dezimalbrüche.
Beispiele:
$\frac{13}{40} = 0{,}325$
$\frac{1}{3} = 0{,}\overline{3}$ (sprich: null-Komma-Periode-drei)
$\frac{29}{110} = 0{,}2\overline{63}$ (sprich: null-Komma-zwei-Periode-sechs-drei)

periodos (griech.): Umlauf, Wiederholung

$0{,}\overline{4}$; $0{,}\overline{26}$ und $0{,}\overline{375}$ heißen ***rein periodische Dezimalbrüche****. Die Periode beginnt sofort hinter dem Komma.*

$0{,}7\overline{2}$ und $1{,}27\overline{45}$ heißen ***gemischt periodische Dezimalbrüche****. Zwischen Komma und Periode sind eine oder mehrere Ziffern, die nicht zur Periode gehören.*

Beispiel 1
Schreibe $\frac{63}{160}$ dezimal.
Lösung:
$\frac{63}{160} = 63 : 160 = 0{,}393\,75$

$$\begin{array}{r} -0 \\ \hline 630 \\ -480 \\ \hline 1500 \\ -1440 \\ \hline 600 \\ -480 \\ \hline 1200 \\ -1120 \\ \hline 800 \\ -800 \\ \hline 0 \end{array}$$

Beispiel 2
Schreibe $\frac{752}{165}$ als Dezimalbruch.
Das Ende einer Periode kann man nur am sich wiederholenden Rest erkennen und nicht daran, dass sich eine Ziffer im Ergebnis wiederholt.
Lösung:
$\frac{752}{165} = 752 : 165 = 4{,}5\overline{57}$

$$\begin{array}{r} -660 \\ \hline 920 \\ -825 \\ \hline 950 \\ -825 \\ \hline 1250 \\ -1155 \\ \hline 950 \end{array}$$

Der Rest 95 wiederholt sich

Beispiel 3
Schreibe $\frac{45}{32}$ dezimal.
Runde auf Hundertstel.
Es genügt, vier Nachkommastellen zu berechnen.
Lösung:
$\frac{45}{32} = 45 : 32 = 1{,}406$

$$\begin{array}{r} -32 \\ \hline 130 \\ -128 \\ \hline 20 \\ -0 \\ \hline 200 \\ -192 \\ \hline 80 \end{array}$$

Also $\frac{45}{32} \approx 1{,}41$

Jeden abbrechenden Dezimalbruch kann man als Zehnerbruch (d. h. als Bruch mit einer Zehnerpotenz als Nenner) schreiben. Einen gekürzten Bruch kann man aber nur dann in einen Zehnerbruch verwandeln, wenn der Nenner nur die Primteiler 2 und 5 enthält. In allen anderen Fällen erhält man periodische Dezimalbrüche.

Beispiel 4
Runde $0{,}8\overline{47}$ auf Zehntausendstel.
Lösung:
$0{,}8\overline{47} = 0{,}8474747\ldots$
↗
Auf diese Stelle soll gerundet werden.
$0{,}8\overline{47} \approx 0{,}8475$

Beispiel 5
Berechne a) $\frac{3}{5} + 0{,}35$ b) $0{,}75 - \frac{2}{3}$
Lösung:
a) *Schreibe $\frac{3}{5}$ dezimal.*
$\frac{3}{5} + 0{,}35 = 0{,}6 + 0{,}35 = 0{,}95$
b) *Schreibe 0,75 als Bruch, da $\frac{2}{3}$ als Dezimalbruch periodisch ist.*
$0{,}75 - \frac{2}{3} = \frac{3}{4} - \frac{2}{3} = \frac{1}{12}$

8 Dezimalbrüche als Maßzahlen – Rechnen mit Größen

Längen in m

Einer	,	Zehntel	Hundertstel	Tausendstel
(m)		m	m	m
		dm	cm	mm
3		0	2	5

3,025 m = 3 m + 0 dm + 2 cm + 5 mm

Gewichte in kg

Einer	,	Zehntel	Hundertstel	Tausendstel
(kg)		kg	kg	kg
				g
2		4	0	7

2,407 kg = 2 kg 407 g

Auch bei Flächen- und Rauminhalten kann man die Dezimalschreibweise benutzen:

$\frac{1}{100}m^2 = 1\,dm^2$

$\frac{1}{100}dm^2 = 1\,cm^2$

$\frac{1}{100}cm^2 = 1\,mm^2$

Flächeninhalte in m²

Einer	,	Zehntel	Hundertstel	Tausendstel	Zehntausendstel
(m^2)		m^2	m^2	m^2	m^2
			dm^2		cm^2
3		2	7	5	0

$3{,}275\,m^2 = 3\,m^2 + 27\,dm^2 + 50\,cm^2$

$\frac{1}{1000}cm^3 = 1\,mm^3$

Rauminhalte in m³

Einer	,	Zehntel	Hundertstel	Tausendstel	Zehntausendstel	Hunderttausendstel	Millionstel
(m^3)		m^3	m^3	m^3	m^3	m^3	m^3
				dm^3			cm^3
5		0	0	3	7	0	0

$5{,}003\,700\,m^3 = 5\,m^3 + 3\,dm^3 + 700\,cm^3$

Beispiel 1
Schreibe in der in Klammern angegebenen Einheit.
a) 0,083 m (cm) b) $0{,}43\,m^3$ (dm^3) c) 3,4 dm (m) d) $452\,dm^2$ (m^2)
Lösung:
a) 0,083 m = 0,083 · 100 cm = 8,3 cm
b) $0{,}43\,m^3 = 0{,}43 \cdot 1000\,dm^3 = 430\,dm^3$
c) $3{,}4\,dm = 3{,}4 \cdot \frac{1}{10}\,m = 0{,}34\,m$
d) $452\,dm^2 = 452 \cdot \frac{1}{100}\,m^2 = 4{,}52\,m^2$

Beachte: *Kommen in einer Rechnung Größen in verschiedenen Einheiten vor, so muss man sie zuerst vereinheitlichen.*

Beispiel 2
Rechne in der größeren Einheit.
a) 1,75 kg + 60 g b) $32\,m^2 + 143\,dm^2$
c) $3{,}5\,dm^3 + 260\,cm^3$ d) 34 a + 0,7 ha
Lösung:
a) 1,75 kg + 60 g = 1,75 kg + 0,006 kg
= 1,756 kg
b) $32\,m^2 + 143\,dm^2$
$= 32\,m^2 + 1{,}43\,m^2 = 33{,}43\,m^2$
c) $3{,}5\,dm^3 + 260\,cm^3$
$= 3{,}5\,dm^3 + 0{,}26\,dm^3 = 3{,}76\,dm^3$
d) 34 a + 0,7 ha
= 0,34 ha + 0,7 ha = 1,04 ha

Beispiel 3
Berechne
a) (0,75 km + 685 m) : 2
b) $3{,}5\,dm^3 + 750\,cm^3$
Lösung:
a) (0,75 km + 685 m) : 2
= (0,75 km + 0,685 km) : 2
= 1,435 km : 2 = 0,7175 km = 717,5 m
b) *Man kann auch mit der kleineren Einheit rechnen.*
$3{,}5\,dm^3 + 750\,cm^3$
$= 3500\,cm^3 + 750\,cm^3$
$= 4250\,cm^3 = 4{,}250\,dm^3$

9 Flächeninhalt von Rechtecken – Rauminhalt von Quadern

Beachte:
Die Formeln im Kasten gelten nur, wenn die Seitenlängen in der gleichen Maßeinheit angegeben sind.

Auch für Rechtecke, deren Seitenlängen a und b Brüche oder Dezimalbrüche als Maßzahlen haben, gilt:
Flächeninhalt A: $A = a \cdot b$
Umfang U: $U = 2 \cdot a + 2 \cdot b = 2(a + b)$

Beispiel 1
Berechne Flächeninhalt A und Umfang U eines Rechtecks mit den Seitenlängen $a = 55\,cm$ und $b = 2{,}3\,m$.
Vereinheitliche zuerst die Maßeinheiten.
Lösung:
Gegeben: Seitenlänge $a = 0{,}55\,m$; $b = 2{,}3\,m$
Gesucht: Flächeninhalt A, Umfang U
Formel für den Flächeninhalt: $A = a \cdot b$
Einsetzen: $A = 0{,}55\,m \cdot 2{,}3\,m = 1{,}265\,m^2$
Formel für den Umfang: $U = 2 \cdot (a + b)$
Einsetzen: $U = 2 \cdot (0{,}55\,m + 2{,}3\,m)$;
$U = 5{,}7\,m$

Beispiel 2
Ein Rechteck mit der Seitenlänge $a = 9{,}5\,m$ hat einen Flächeninhalt von $68{,}4\,m^2$.
Berechne die Seitenlänge b.
Lösung:
Gegeben: Flächeninhalt $A = 68{,}4\,m^2$
Seitenlänge $a = 9{,}5\,m$
Gesucht: Seitenlänge b
Formel für den Flächeninhalt: $A = a \cdot b$
Einsetzen: $68{,}4\,m^2 = 9{,}5\,m \cdot b$
Berechnen von b:
$b = 68{,}4\,m^2 : 9{,}5\,m = 7{,}2\,m$

Auch diese Formeln gelten nur, wenn die Kantenlängen in der gleichen Maßeinheit angegeben sind.

Auch für Quader, deren Kantenlängen a, b und c Brüche oder Dezimalbrüche als Maßzahlen haben, gilt:
Rauminhalt (Volumen) V: $V = a \cdot b \cdot c$
Oberflächeninhalt O: $O = 2 \cdot a \cdot b + 2 \cdot a \cdot c + 2 \cdot b \cdot c = 2 \cdot (a \cdot b + a \cdot c + b \cdot c)$

Würfel sind spezielle Quader. Die Formeln werden einfacher.
Formeln für einen Würfel mit der Kantenlänge a:
Volumen V:
$V = a \cdot a \cdot a$
$= a^3$
Oberflächeninhalt O:
$O = 6 \cdot a \cdot a$
$= 6a^2$

Beispiel 3
a) Berechne den Rauminhalt und Oberflächeninhalt eines Quaders mit den Kantenlängen: $a = 25\,cm$, $b = 3{,}6\,dm$; $c = 12\frac{1}{2}\,cm$.
b) Berechne Oberflächeninhalt und Rauminhalt eines Würfels mit der Kantenlänge $a = 2{,}5\,cm$.
Lösung:
a) $V = a \cdot b \cdot c$
$= 25\,cm \cdot 36\,cm \cdot 12{,}5\,cm$
$= (25 \cdot 36 \cdot 12{,}5)\,cm^3$
$= 11\,250\,cm^3 = 11{,}250\,dm^3$
$= 11{,}250\,l.$
$O = 2 \cdot (a \cdot b + a \cdot c + b \cdot c)$
$= 2 \cdot (25 \cdot 36 + 25 \cdot 12{,}5 + 36 \cdot 12{,}5)\,cm^2$
$= 2 \cdot 1662{,}5\,cm^2 = 3325\,cm^2$
b) $V = a^3 = 2{,}5^3\,cm^3 = 15{,}625\,cm^3$
$O = 6 \cdot a^2$
$= 6 \cdot 2{,}5^2\,cm^2 = 37{,}5\,cm^2$

Beispiel 4
a) Berechne die Kantenlänge eines Quaders mit:
$V = 2275\,dm^3$ und den Kantenlängen $a = 65\,cm$; $b = 1{,}4\,m$.
b) Berechne das Gewicht dieses Quaders, wenn $1\,cm^3$ 1,5 g wiegt.
Lösung:
a) Einsetzen in die Formel
$V = a \cdot b \cdot c$ ergibt:
$2\,275\,000\,cm^3 = 65\,cm \cdot 140\,cm \cdot c$
$2\,275\,000\,cm^3 = 9100\,cm^2 \cdot c$
Berechnen von c:
$c = 2\,275\,000\,cm^3 : 9100\,cm^2$
$c = 250\,cm = 2{,}5\,m.$
b) $V = 2\,275\,000\,cm^3$
$1\,cm^3$ wiegt 1,5 g,
also wiegt der Quader
$2\,275\,000 \cdot 1{,}5\,g = 3\,412\,500\,g \approx 3{,}4\,t$

10 Anteile, Prozentschreibweise und relative Häufigkeiten

Eine Sprechweise wie „Jeder Zwanzigste ..." bedeutet 1 von 20, also den Anteil $\frac{1}{20}$.

$\frac{z}{n}$ einer Größe wird berechnet, indem man den Anteil $\frac{z}{n}$ mit der Maßzahl der Größe multipliziert.
Beispiel: $\frac{3}{4}$ von 2,5 kg $= \frac{3}{4} \cdot 2{,}5\,\text{kg} = \frac{3}{4} \cdot \frac{5}{2}\,\text{kg} = \frac{15}{8}\,\text{kg} = 1{,}875\,\text{kg}$
Ein Anteil von einem Anteil wird berechnet, indem man die beiden Anteile miteinander multipliziert.
Beispiel: $\frac{1}{3}$ von $\frac{4}{5} = \frac{1}{3} \cdot \frac{4}{5} = \frac{4}{15}$

Häufig verwendete Anteile:
$50\,\% = \frac{1}{2}$
$25\,\% = \frac{1}{4}$
$75\,\% = \frac{3}{4}$
$100\,\% = 1$
$10\,\% = \frac{1}{10}$

Beispiel 1
Berechne $\frac{2}{3}$ von 15 kg
Lösung:
$\frac{2}{3}$ von 15 kg $= \frac{2}{3} \cdot 15\,\text{kg} = 10\,\text{kg}$

Beispiel 2
Berechne $\frac{3}{4}$ von $\frac{2}{5}$
Lösung:
$\frac{3}{4}$ von $\frac{2}{5} = \frac{3}{4} \cdot \frac{2}{5} = \frac{3 \cdot 1}{2 \cdot 5} = \frac{3}{10}$

Anteile werden oft dadurch verglichen, dass man sie als Brüche mit dem Nenner 100 schreibt. Für $\frac{p}{100}$ sagt man auch p Prozent und schreibt dafür p %.

Beispiel 3
Schreibe 60 % als Bruch und als Dezimalbruch.
Lösung:
$60\,\% = \frac{60}{100} = \frac{6}{10} = 0{,}6$
$\frac{6}{10} = \frac{3}{5}$

Beispiel 4
Berechne 17 % von 45 kg.
Lösung:
17 % von 45 kg bedeutet $\frac{17}{100}$ von 45 kg.
17 % von 45 kg $= \frac{17}{100} \cdot 45\,\text{kg} = \frac{17 \cdot 45}{100}\,\text{kg}$
$= 7{,}65\,\text{kg}$

Um Häufigkeiten zu vergleichen, betrachtet man ihren jeweiligen Anteil an der Gesamtzahl. Diesen Anteil nennt man **relative Häufigkeit**.

*Will man den Unterschied zwischen Häufigkeit und relativer Häufigkeit betonen, so spricht man auch von **absoluter Häufigkeit** und relativer Häufigkeit.*

$$\text{Relative Häufigkeit} = \frac{\text{absolute Häufigkeit}}{\text{Gesamtzahl}}$$

Beispiel 5
In zwei Schulklassen wurde nach den beliebtesten Freizeitbeschäftigungen gefragt. In Klasse a gehen 25 und in Klasse b 30 Schülerinnen und Schüler.
Die Tabelle zeigt das Ergebnis.
Die angegebenen Zahlen sind absolute Häufigkeiten.

Tätigkeit	Klasse a	Klasse b
Sport	9	11
Fernsehen	8	9

In welcher Klasse ist Sport und in welcher Klasse ist Fernsehen beliebter?
Vergleiche dazu die relativen Häufigkeiten.
Lösung:

Tätigkeit	Klasse a	Klasse b
Sport	$\frac{9}{25} = 0{,}36$	$\frac{11}{30} \approx 0{,}37$
Fernsehen	$\frac{8}{25} = 0{,}32$	$\frac{9}{30} = 0{,}3$

In Klasse b ist Sport etwas beliebter und in Klasse a ist Fernsehen etwas beliebter.

11 Mittelwert und Zentralwert

4 Äpfel wiegen zusammen 600 g. Wenn alle 4 Äpfel das gleiche Gewicht hätten, würde 1 Apfel 600 g : 4 = 150 g wiegen. Man sagt daher: 1 Apfel wiegt „durchschnittlich“ oder „im Mittel“ 150 g.

$$\text{Mittelwert} = \frac{\text{Summe aller Werte}}{\text{Anzahl der Werte}}$$

Beachte: Der Mittelwert braucht nicht unter den einzelnen Werten vorzukommen.

Beispiel 1
Bestimme den Mittelwert.
a) 14,0; 15,0; 17,2; 16,1; 13,4
b) 1,42 m; 2,31 m; 1,72 m; 1,93 m
Lösung:
a) Die einzelnen Werte sind auf eine Nachkommastelle gerundet. Also genügt es, den Mittelwert auf eine Stelle nach dem Komma zu runden.

$$\frac{14{,}0 + 15{,}0 + 17{,}2 + 16{,}1 + 13{,}4}{5} \approx 15{,}1$$

Der Mittelwert ist etwa 15,1.

b) $\frac{1{,}42\,\text{m} + 2{,}31\,\text{m} + 1{,}72\,\text{m} + 1{,}93\,\text{m}}{4} \approx 1{,}85\,\text{m}$

Der Mittelwert ist ungefähr 1,85 m.

Beispiel 2
Bestimme den Mittelwert und runde das Ergebnis auf eine Nachkommastelle.
5 g; 7 g; 4 g; 5 g; 6 g; 6 g; 5 g; 4 g; 4 g; 7 g; 5 g; 4 g
Kommen Messergebnisse mehrfach vor, so kann man durch Multiplizieren das Vorgehen vereinfachen.
Lösung:

$$\frac{4 \cdot 4\,\text{g} + 4 \cdot 5\,\text{g} - 2 \cdot 6\,\text{g} + 2 \cdot 7\,\text{g}}{12}$$

$$= \frac{62\,\text{g}}{12} \approx 5{,}2\,\text{g}$$

Der Mittelwert beträgt gerundet 5,2 g.

Bei Preisvergleichen ist häufig nicht der Mittelwert von Interesse, sondern der Wert, der in der Mitte der nach der Größe geordneten Preise steht. Es liegen dann gleich viele Werte unterhalb dieses Wertes wie oberhalb. Daher kommt der Name Zentralwert.

Der Zentralwert ist der Wert in der Mitte einer Rangliste.

So bestimmt man den Zentralwert:
1. Ordne die Messwerte der Größe nach (Rangliste).
2. Bestimme den Zentralwert, indem du bei
   a) einer ungeraden Anzahl von Werten den Wert in der Mitte der Rangliste wählst.
   b) einer geraden Anzahl von Werten den Mittelwert aus den beiden mittleren Werten der Rangliste bildest.

Beispiel 3
Bestimme den Mittelwert und Zentralwert der folgenden Messreihe.
2,36 kg; 3,45 kg; 2,21 kg; 6,45 kg; 5,35 kg; 3,78 kg; 4,21 kg
Lösung:
Mittelwert:

$$\frac{2{,}36\,\text{kg} + 3{,}45\,\text{kg} + 2{,}21\,\text{kg} + 6{,}45\,\text{kg} + 5{,}35\,\text{kg} + 3{,}78\,\text{kg} + 4{,}21\,\text{kg}}{7}$$

$$= \frac{27{,}81\,\text{kg}}{7} \approx 4{,}0\,\text{kg}$$

Rangliste (in kg):
2,21 kg; 2,36 kg; 3,45 kg; <u>3,78 kg</u>; 4,21 kg; 5,35 kg; 6,45 kg
Die Anzahl der Messwerte ist ungerade, also:
Zentralwert: 3,78 kg.

Beispiel 4
Bestimme Mittelwert und Zentralwert der folge[nden] Messreihe.
12 s; 48 s; 15 s; 17 s; 11 s; 13 s; 14 s; 18 s.
Lösung:
Mittelwert:

$$\frac{12\,\text{s} + 48\,\text{s} + 15\,\text{s} + 17\,\text{s} + 11\,\text{s} + 13\,\text{s} + 14\,\text{s} + 18\,\text{s}}{8}$$

$$= \frac{148\,\text{s}}{8} = 18{,}5\,\text{s}$$

Rangliste (in s): 11 s; 12 s; 13 s; <u>14 s</u>; <u>15 s</u>; 17 s; 18 s; 48 s
Die Anzahl der Messwerte ist gerade, also: Zentralwert = Mittelwert aus 14 s und 15 s.
Zentralwert: $\frac{14\,\text{s} + 15\,\text{s}}{2} = 14{,}5\,\text{s}$

1 Kreise und Kreisskalen

Bei einem Kreis haben alle Punkte der **Kreislinie** vom Mittelpunkt den gleichen Abstand.
Dieser Abstand heißt **Radius** des Kreises.

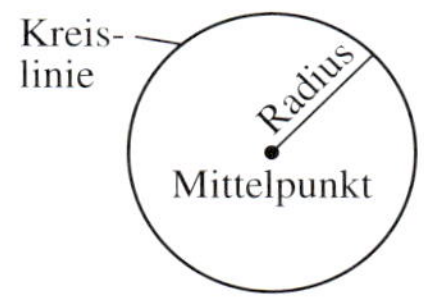

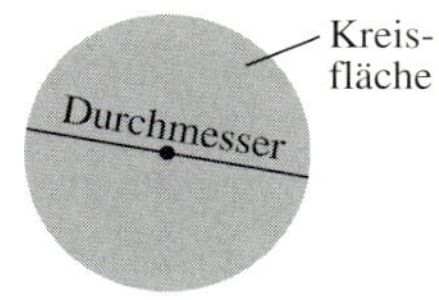

Strecken am Kreis:
Jede Verbindungsstrecke zwischen einem Punkt der Kreislinie und dem Kreismittelpunkt M nennt man ebenfalls **Radius**.
Jede Verbindungsstrecke zweier Punkte auf der Kreislinie nennt man **Sehne**.
Jede Sehne durch den Kreismittelpunkt heißt **Durchmesser**. Der Durchmesser ist doppelt so lang wie der Radius.
Beachte: Mit Radius und Durchmesser werden sowohl die Strecken als auch ihre Längen bezeichnet.

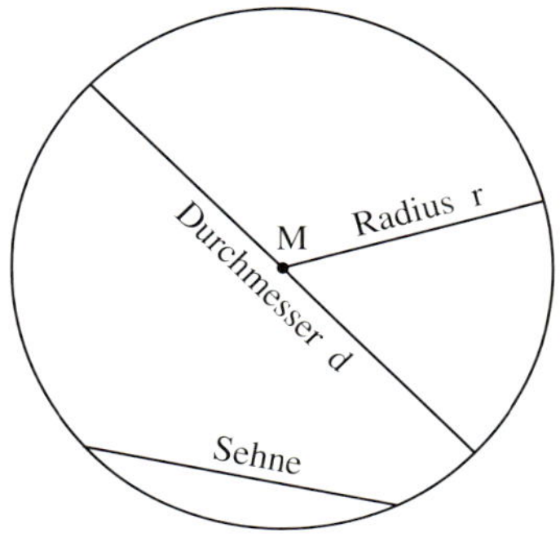

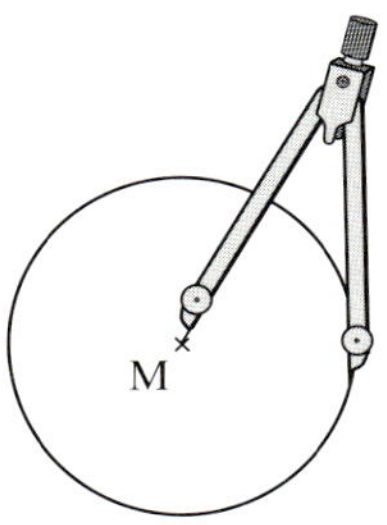

Ein Tipp:
Zuerst den Mittelpunkt markieren, dann erst mit dem Zirkel den Kreis zeichnen.

Beispiel 1
Zeichne in dein Heft zwei Punkte A und B mit einem Abstand von 5 cm.
a) Bestimme mit dem Zirkel alle Punkte, die 4 cm von A und 3 cm von B entfernt sind.
b) Welche Punkte sind von A weniger als 4 cm und von B weniger als 3 cm entfernt?
c) Welche Punkte sind von A weniger als 4 cm und von B mehr als 3 cm entfernt?
Lösung:
a) In der Figur die Punkte P und Q.
b) Die Punkte der dunkelgrauen Fläche.

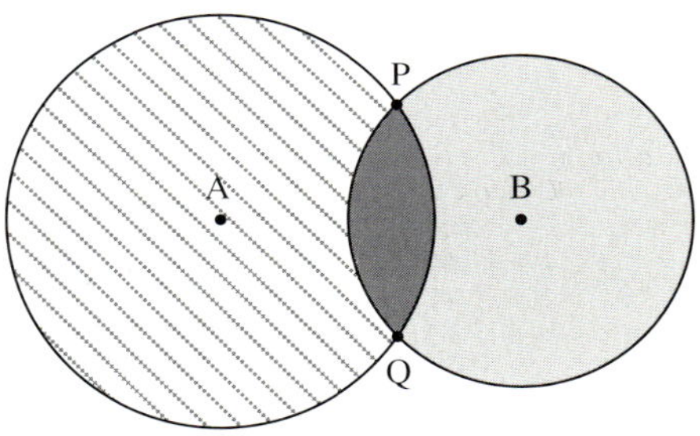

c) Die Punkte der schraffierten Fläche.

Kreisskalen

Bei einer Kreisskala spielt die Größe des Kreises keine Rolle.

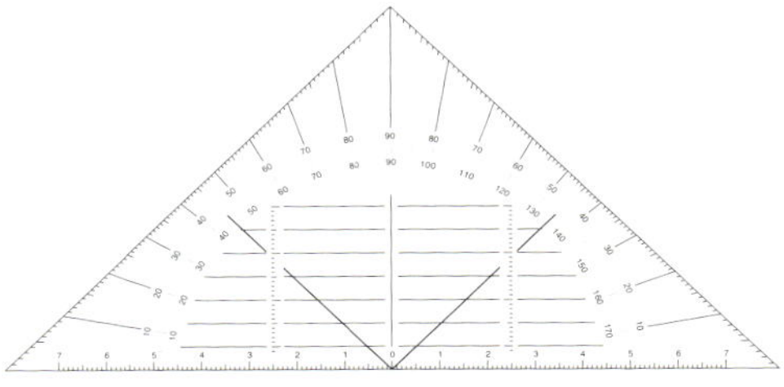

Den 360sten Teil einer vollen Kreisskala nennt man **1 Grad** (kurz: 1°).

2 Winkel

In der Mathematik werden Drehungen, wenn nichts anderes gesagt wird, links herum (d. h. entgegen der Drehrichtung eines Uhrzeigers) ausgeführt.

Dreht man eine Halbgerade um ihren Anfangspunkt S, so entsteht ein **Winkel**.
S heißt **Scheitel** des Winkels,
g und h heißen **Schenkel** des Winkels.

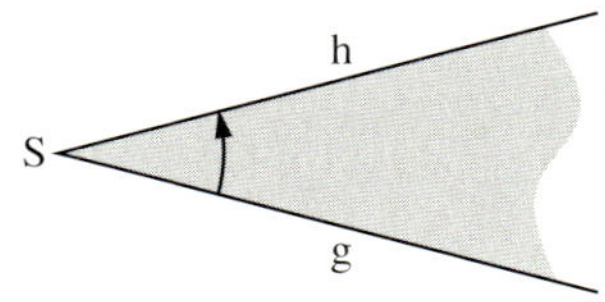

0° < α < 90°

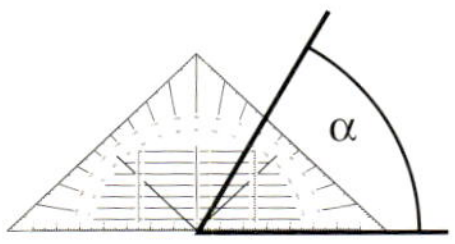

spitzer Winkel

90° < γ < 180°

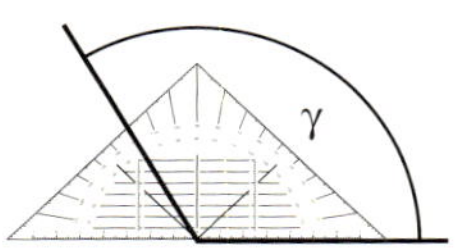

stumpfer Winkel

δ = *180°*

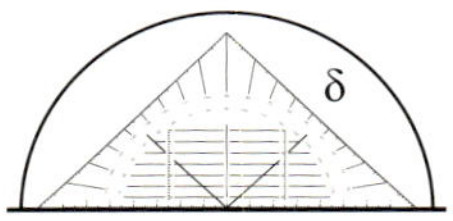

gestreckter Winkel

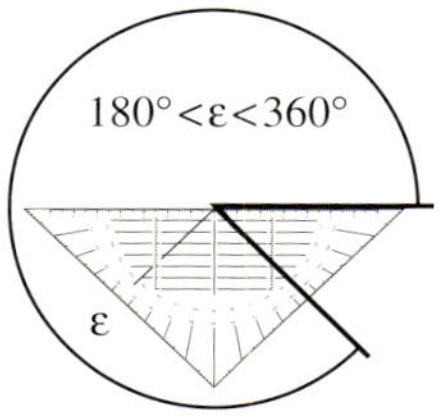

überstumpfer Winkel

Bezeichnung von Winkeln durch Schenkel oder Punkte:
Geht bei einer Linksdrehung der **Schenkel g** in den **Schenkel h** über, so schreibt man:

$\sphericalangle$ **gh** (lies: Winkel gh).

Geht der erste Schenkel g durch einen Punkt A und der zweite Schenkel h durch einen Punkt B, so kann man den Winkel durch **drei Punkte** bezeichnen:

$\sphericalangle$ **ASB** (lies: Winkel ASB).

Beispiel 1

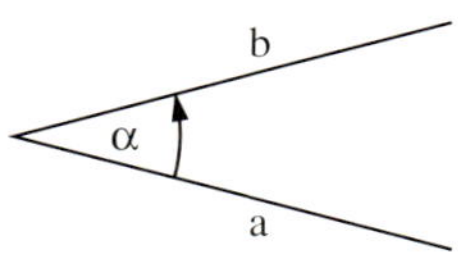

$\alpha = \sphericalangle ab$

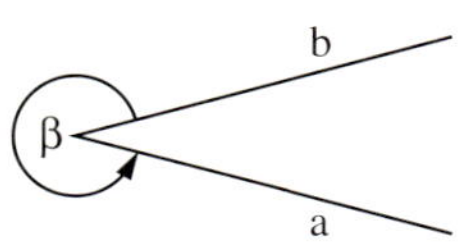

$\beta = \sphericalangle ba$

Beispiel 2

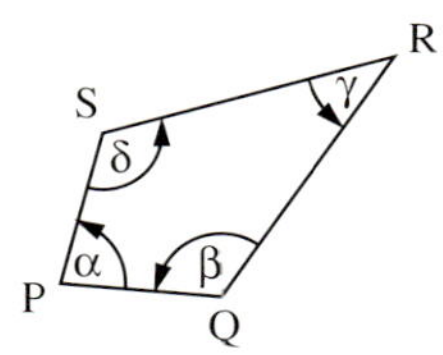

$\alpha = \sphericalangle QPS$
$\beta = \sphericalangle RQP$
$\gamma = \sphericalangle SRQ$
$\delta = \sphericalangle PSR$

Messen eines Winkels:

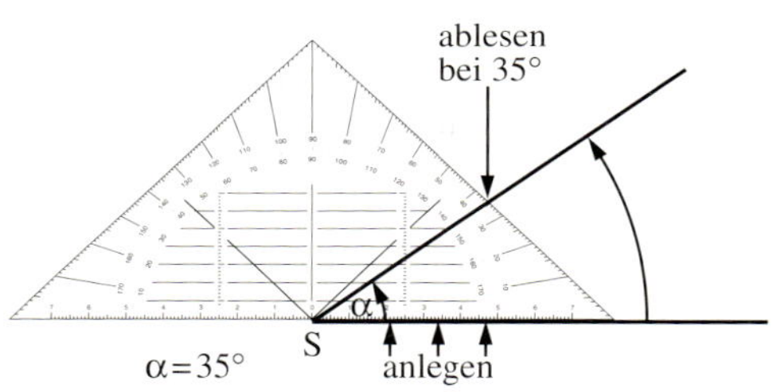

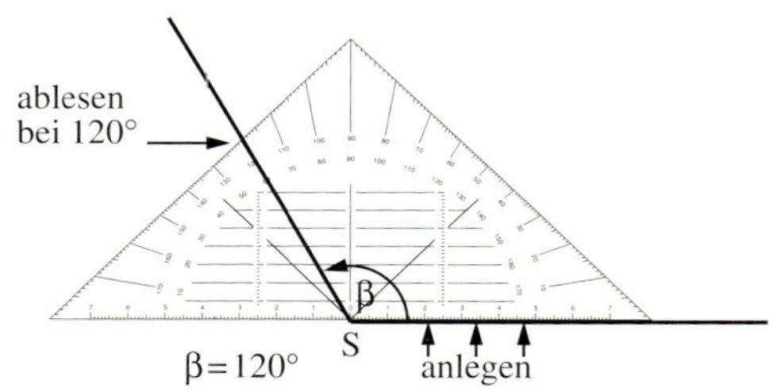

Zeichnen eines Winkels, z. B. $\sphericalangle gh = 55°$:

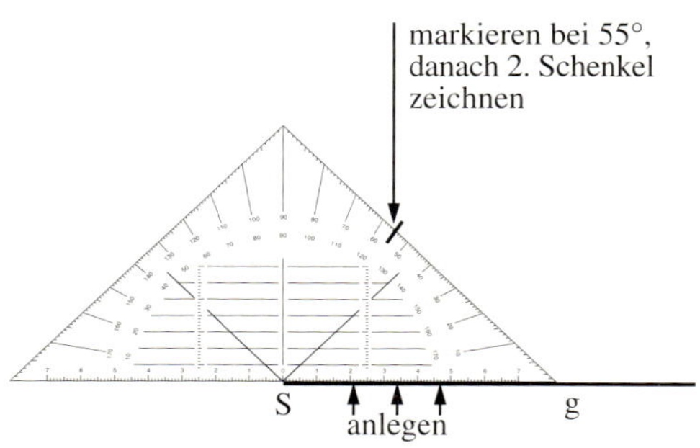

oder

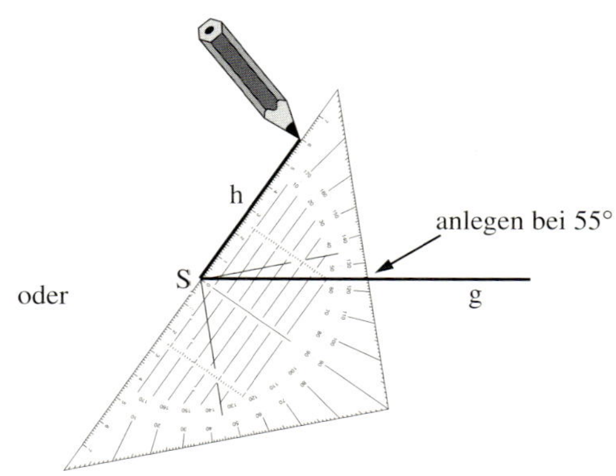

Beachte:
Die meisten Geo-Dreiecke haben zwei Skalen. Du musst die Skala benutzen, die bei einem der Schenkel beginnt.

3 Achsenspiegelungen und Achsensymmetrie

Die Punkte auf der Spiegelachse fallen beim Spiegeln mit ihren Bildpunkten zusammen.

Bei einer **Achsenspiegelung** wird jedem Punkt P ein **Bildpunkt P′** (lies: P Strich) zugeordnet. Dabei gilt:
1. Die Verbindungsstrecke $\overline{PP'}$ ist senkrecht zur **Spiegelachse** a.
2. P und P′ haben denselben Abstand von der Achse a.

Beispiel 1

Das Dreieck PQR soll an der Achse a gespiegelt werden.
1. Zeichne das Dreieck PQR und die Spiegelachse a.
2. Zeichne die Senkrechten zu a durch die Punkte P, Q, R.
Trage auf den Senkrechten für jeden Punkt noch einmal den Abstand des Punktes von der Achse a ab.
3. Zeichne das Bilddreieck P′Q′R′.

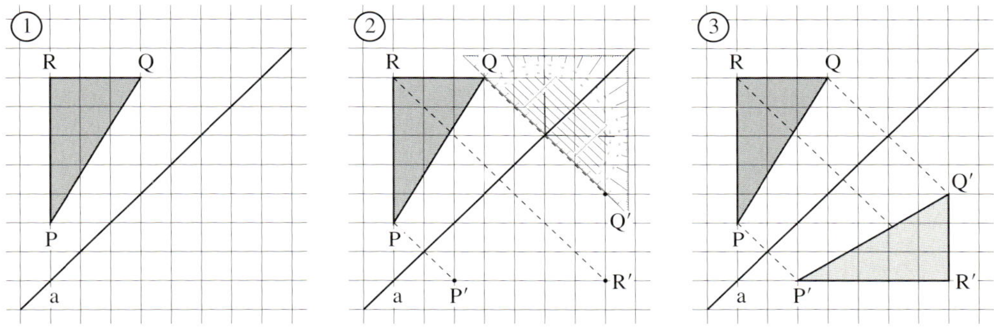

Die Punkte auf der Spiegelachse werden bei der Achsenspiegelung auf sich selbst abgebildet, sie bleiben fest. Man nennt sie daher auch **Fixpunkte**.

Figuren, die durch eine Achsenspiegelung auf sich selbst abgebildet werden können, nennt man **achsensymmetrisch**.
Die Achse der Spiegelung nennt man auch **Symmetrieachse** der Figur.

Beispiel 2

a) b) c) d)

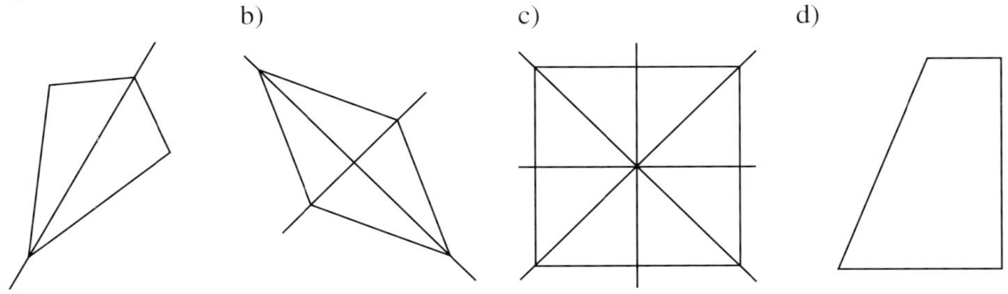

a) achsensymmetrisch mit 1 Achse
b) achsensymmetrisch mit 2 Achsen
c) achsensymmetrisch mit 4 Achsen
d) nicht achsensymmetrisch

4 Drehungen und Drehsymmetrie

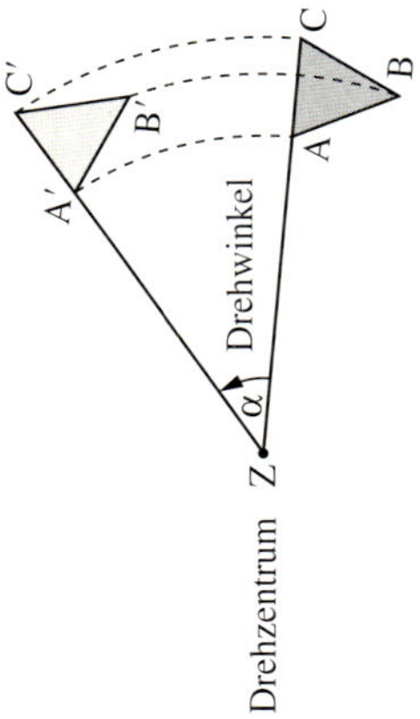

Bei einer **Drehung** wird jedem Punkt P eine Bildpunkt P′ zugeordnet. Dabei gilt:
1. Ein Punkt P und sein Bildpunkt P′ liegen auf einem Kreis um das **Drehzentrum** Z.
2. Alle Punkte P und ihre Bildpunkte P′ bilden mit Z denselben **Drehwinkel** α: $\sphericalangle PZP' = \alpha$.

Das Drehzentrum ist der einzige Fixpunkt der Drehung (falls $0° < \alpha < 360°$).

Beispiel 1
Das Dreieck PQR soll um Z um 90° gedreht werden.
1. Zeichne das Dreieck PQR und das Drehzentrum Z.
2. Verbinde Z mit P, Q und R. Trage jeweils den Drehwinkel von 90° an. Zeichne um Z einen Kreisbogen von P (bzw. Q, R) zum zweiten Schenkel des Drehwinkels.
3. Zeichne das Bilddreieck P′Q′R′.

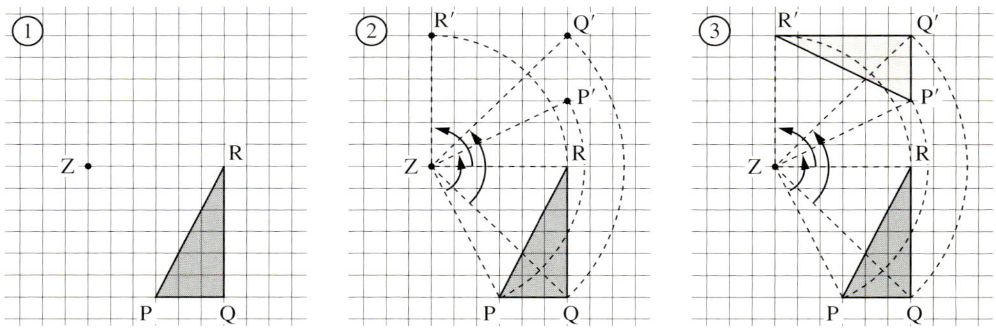

Drehsymmetrie

Figuren, die durch eine Drehung (die keine ganze Umdrehung ist) auf sich selbst abgebildet werden können, nennt man **drehsymmetrisch**.

Beispiel 2

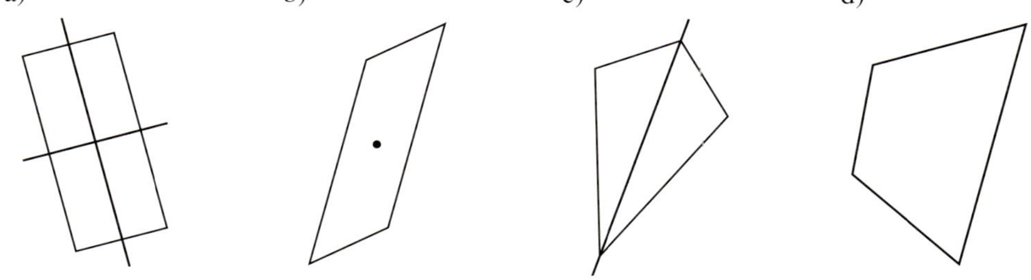

a) drehsymmetrisch und auch achsensymmetrisch

b) drehsymmetrisch, aber nicht achsensymmetrisch

c) nicht drehsymmetrisch, aber achsensymmetrisch

d) weder drehsymmetrisch noch achsensymmetrisch

5 Punktspiegelungen und Punktsymmetrie

Bei einer **Punktspiegelung** an Z (**Halbdrehung** um Z) wird jedem Punkt P ein Bildpunkt P′ zugeordnet. Dabei gilt:
1. Ein Punkt P und sein Bildpunkt P′ liegen auf einer Geraden durch Z.
2. P und P′ haben denselben Abstand zu Z.

Beispiel 1
Das Dreieck PQR soll durch eine Punktspiegelung an Z abgebildet werden.
1. Zeichne das Dreieck PQR und das Zentrum Z.
2. Zeichne Geraden von P, Q, R durch Z.
Trage auf ihnen noch einmal den Abstand des jeweiligen Punktes vom Zentrum Z ab.
3. Zeichne das Bilddreieck P′Q′R′.

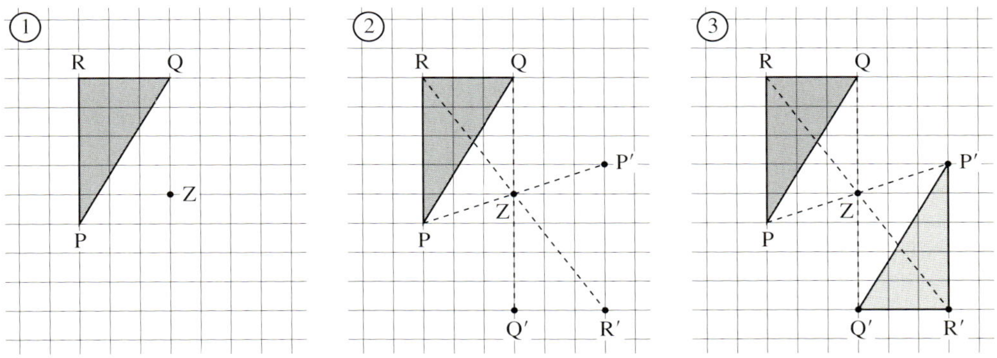

Figuren, die durch eine Punktspiegelung (Halbdrehung) auf sich selbst abgebildet werden können, nennt man **punktsymmetrisch**.

Beispiel 2

a)

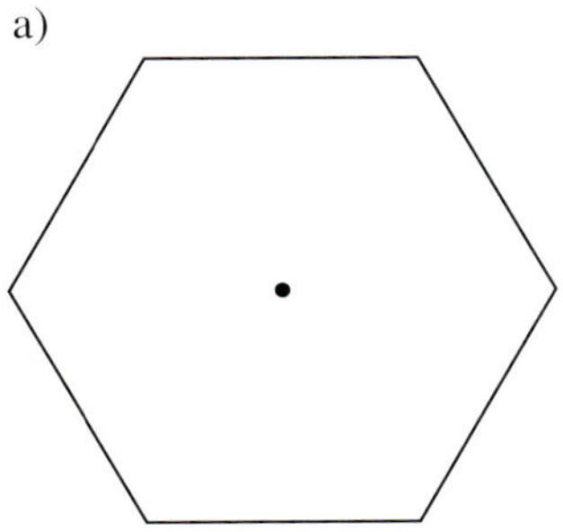

punktsymmetrisch und achsensymmetrisch

b)

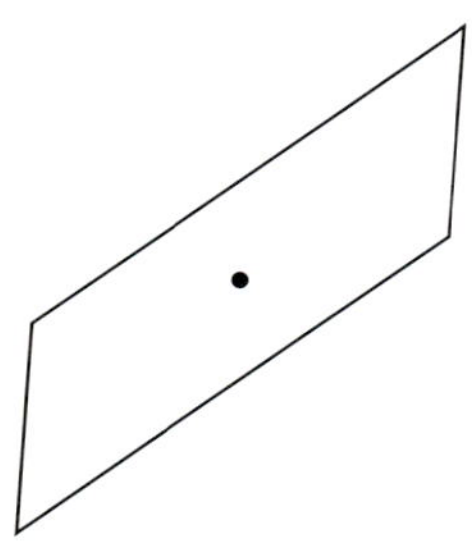

punktsymmetrisch, aber nicht achsensymmetrisch

c)

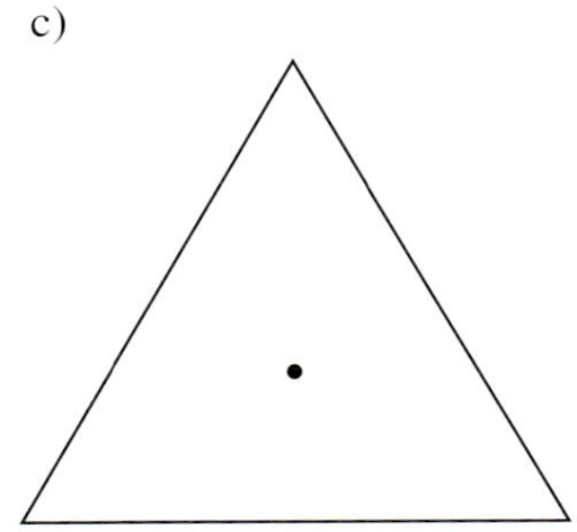

nicht punktsymmetrisch, aber achsen- und drehsymmetrisch

6 Verschiebungen und Verschiebungssymmetrie

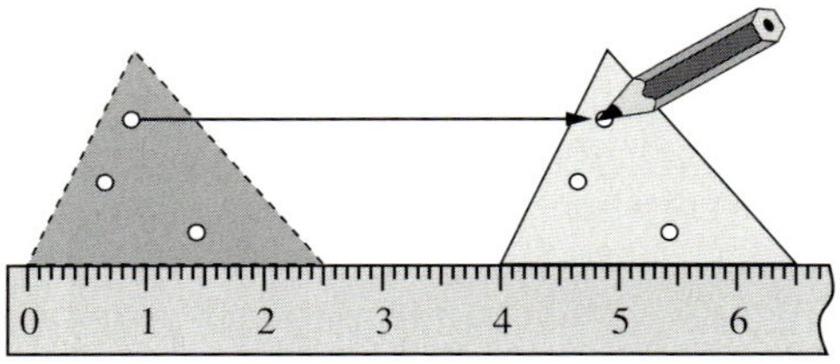

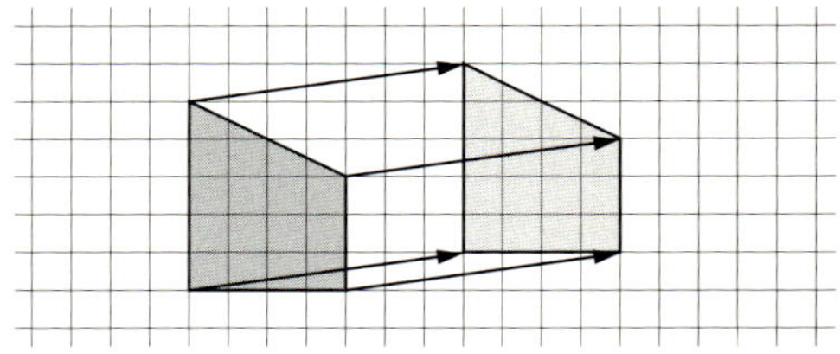

Bei einer **Verschiebung** wird jedem der Punkte P, Q, R, ... ein Bildpunkt P′, Q′, R′ ... zugeordnet. Dabei gilt:
Die Pfeile von P nach P′, von Q nach Q′ usw. sind zueinander parallel.
Sie haben die gleiche Richtung und die gleiche Länge.

Beispiel 1
Das Dreieck PQR soll so verschoben werden, wie es der **Verschiebungspfeil** angibt.
1. Zeichne das Dreieck PQR und den Verschiebungspfeil von P nach P′.
2. Zeichne die Parallelen zu dem Verschiebungspfeil durch die übrigen Ecken.
Trage auf den Parallelen die Länge des Verschiebungspfeils ab.
3. Zeichne das Bilddreieck P′Q′R′.

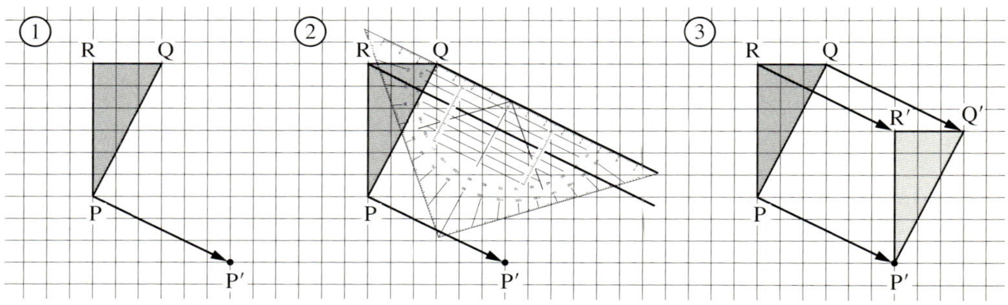

Figuren, die durch eine Verschiebung auf sich selbst abgebildet werden können, nennt man **verschiebungssymmetrisch**.

Beispiel 2

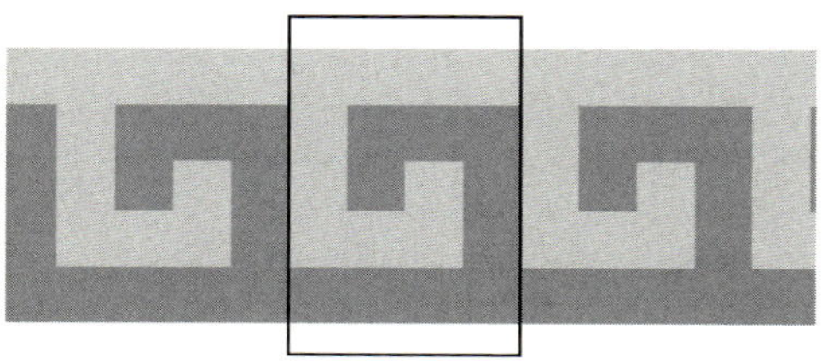

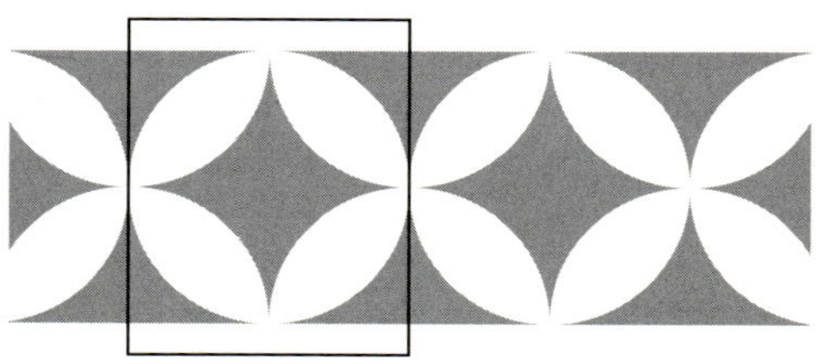

Diese **Bandornamente** sind verschiebungssymmetrisch.

Register